療亥					支援						專業						一般	
	資管	分析	採購	總務	品管	生產	行政	助理	後勤	顧問	講師	醫護	創意	編輯	領隊	學生	家管	其他
	●	●	●	●	●	●	●	●	●	●							●	●
	●	●	●	●	●	●	●	●	●	●							●	●
	●	●	●	●	●	●	●	●	●	●								
										●								
										●								
	●	●								●	●							
	●	●								●	●	●	●	●	●			
										●	●							
	●	●	●	●	●	●	●		●	●	●		●	●	●			
	●	●						●		●	●	●	●	●	●	●		
	●	●								●	●	●	●	●	●	●		
	●	●								●	●	●	●	●	●	●		
			●	●			●	●	●	●	●							
										●	●							
			●	●						●	●					●		
										●	●							
			●	●						●	●	●			●	●		
										●	●							
										●	●							
										●	●	●	●		●			
										●	●							
										●	●							
										●	●							
										●	●	●	●		●			
										●	●	●	●	●	●			
										●	●	●	●	●	●			
										●								
										●								
										●			●					
										●	●	●	●	●	●			
										●								
										●								
										●								
										●								
										●								
										●								
										●								
										●								
	●	●	●	●	●	●				●	●	●			●			
	●	●	●	●	●	●	●	●		●	●	●	●	●	●			
	●	●	●	●	●	●	●	●		●	●	●	●	●	●			
	●	●	●	●	●	●	●	●		●	●	●	●	●	●			
	●	●	●	●	●	●	●	●	●	●	●	●	●	●	●	●	●	●
	●	●	●	●	●	●	●	●	●	●	●	●	●	●	●	●	●	●
	●	●	●	●	●	●				●	●							
										●								

一學就會！

情境案例解析！
超高效職場五力實戰應用工具圖鑑

職場即戰力

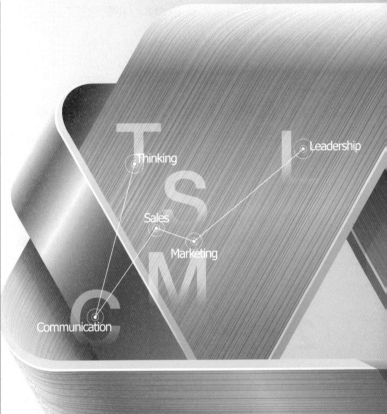

Thinking
Leadership
Sales
Marketing
Communication

T
S
L
C
M

即戰力

陳國欽 著
King老師

Contents / 目錄

Chapter.

3 銷售力(策略式銷售3大流程) 103

從事銷售的人,不能憑本能,而是要憑真功夫!

Contents / 目錄

Chapter. 5

領導力（教練式領導4大支柱）

經歷過管理階層的深度歷練，整個職場生涯才算是真正的完整。

37. 計劃法則【計劃3元素】 *289*

38. 優化法則【優化4矩陣】 *292*

39. 發展法則【發展5過程】 *296*

40. 訓練法則【訓練3元素】 *302*

41. 激勵法則【激勵9式】 *306*

42. 衝突法則【衝突5管理】 *312*

43. 目標法則【目標板】 *316*

44. 問題法則【問題分析與解決】 *319*

45. 創新法則【創新發想與決策】 *326*

46. 會議法則【會議6版型】 *331*

47. 時間法則【時間管理4象限】 *338*

48. 夢想法則【夢想板】 *344*

49. 行動法則【圓夢計劃】 *349*

50. 領導整合【教練式領導4大支柱】 *354*

★★★★★領導力實效見證 **358**

梁啟宏｜一場改變亞洲市場的顧問式培訓！　　黃信川｜科學化的架構思維才是真正競爭力！

張麗蓉｜接地氣，才是王道！　　　　　　　許博惇｜全方位領導者的寶典。

黃煌文｜重回福特野馬的傳奇！　　　　　　朱采瑤｜一場立馬讓員工行為改變的課程！

結語：莫忘職場苦人多！ *363*

下載職場五力成功 APP，你就會成功！

> 如果把人的大腦看成是一支手機，這一生若想要成功，最快的方法，便是把別人成功的模式，像下載APP般地植入自己的大腦。職場最需要的核心能力，便是思考力、溝通力、銷售力、企劃力、領導力。我將這五力的成功經驗稱為「職場五力成功APP」，歡迎您來下載！

我當企業講師已經三年多了，經歷大約五百場的演講、授課、顧問，一面聽取學員的反饋，一面強化自己的知識領域，授課行業包括金融、保險、證券、製造、科技、資訊、服務、電信、運輸、汽車、建築、醫療、通路、零售、門市、中小企業、學校、公益團體、公家機關……等等。我常常覺得講師本身也是學生，透過教學與實作去吸收各行業的知識養分，而基於這些寶貴的進化收穫，我決定出版一本幫助職場人士簡單快速成功的超級工具書。

要寫這本書時，我曾經陷入苦思，書名該叫什麼？內容寫些什麼？該如何行銷定位？怎麼讓讀者願意買單？正當苦思無策之際，忽然從內心發出一個聲音：做為一位企業講師，天天都和第一線苦難的職場工作者相處，何不就**從使用者最需要、最實用的技巧下手，幫助他們工作勝出、升職加薪？！**於是我把職場最核心的五力及最實用的50個技術，一次完整到位的呈現給廣大讀者，寫了這本《一學就會！職場即戰力》，也可以說是前作《職場五力成功方程式》實戰版！

在開始介紹之前，我想分享一段個人小故事：2014那年，我瀟灑的揮揮衣袖，離開外商企業高薪工作，本以為可以很愉悅的從事我最愛的講師教學，但事實不然，由於放不下高階職位及誘人的薪水，我曾經幾度想放棄教學，回到職場。後來我聽到一段話：

「如果有一件事，是有價值的、你擅長的、又是你的熱情所在，那就是你這一世的天命，我們稱之為VTP（V=Value價值；T=Talent擅長；P=Passion熱情）。」

因此，讓我更加肯定我這一世的天命，也感謝老天在我人生下半場，恩賜我這條路，一條可以幫助別人成功的道路，也願所有讀者都能找到屬於自己的天命，盡情的發光，不枉此生！

※加碼微學習課程：為方便企業學員快速理解與複習，太毅公司幫我錄製了職場五力微學習影片，書中也同步將影片連結轉成QR Code，放在各章分頁處提供讀者掃描觀看。提醒大家不要錯過，一起來快樂學習！

本書架構與特色

　　我熱愛某一類書籍，有圖解的，很簡單的，一看就懂的，馬上能用的，後來發現這類書大部分是日本人寫的，內容多偏重思考邏輯及相關工具。所以我一直有個心願，想寫一本有架構、流程、版型、技術、工具、圖解的書，內容易學、易記、易用，不只是邏輯思考，還要包含職場的核心能力與技術，每個技術都可以單獨使用，也能夠整合運用，於是這本書就在這個概念下，打開了起手式。

　　寫這本書之前，我先問了自己兩個大問題：

▶什麼是職場核心能力？

　　在我過去25年的工作經驗中，觀察到職場工作者最感到苦惱的狀況有以下幾種：

　　1. 事情有夠多，腦子有夠亂——這是「**思考力**」待強化。
　　2. 講話不清楚，上台會緊張——這是「**溝通力**」待強化。
　　3. 競爭好激烈，目標達不到——這是「**銷售力**」待強化。
　　4. 市場在何處，優勢在哪裡——這是「**企劃力**」待強化。
　　5. 上面講不清，底下搞不定——這是「**領導力**」待強化。

　　而歸納這五種痛苦狀況，分別是思考、溝通、銷售、企劃、領導的問題，因此本書就以職場五力為主要架構依序開展。

▶King老師教的職場五力，有什麼不一樣？

　　「坊間很多類似的書，網路免費知識一堆，你們也上過不少類似的

課，King 老師（我）的東西有什麼不一樣？」這是我常常問自己的問題，後來乾脆直接問我的學員，他們的回答，讓我更清楚掌握自己的教學定位。

學員們的回答是這樣子的：

1. 「平常看過很多書，網路上免費的知識也很多，上過的課更是不計其數，但那些知識都是片斷的吸收，未經過有機的整合，甚至相互混淆，所以能發揮在工作上的並不多。King 老師的課程能幫我們把已知或未知的片斷知識，做全面的整合。」——這個講的是整合。

2. 「King 老師有提供高效好用的模組及版型，直接跟著用，馬上就能產生效果。」——這個講的是高效。

3. 「King 老師實戰經驗豐富，給我們的是顧問，不只是培訓而已。」——這個講的是實戰。

這是非常寶貴的課後反饋，我把學員這三大需求，設定為個人教學三大定位，也就是本書的三大特色～**整合、高效、實戰**！

一、整合面

根據諸多國際級理論與認證，以及筆者二十多年工作實戰經驗，將職場最核心的五力架構整合如右圖：

思考力及溝通力是職場工作者共同需要的水平

能力，而當具備這兩個水平能力時，便要開始植入垂直核心能力：銷售力、企劃力及領導力。當然，如果是其他工作職掌，便須植入與該職務

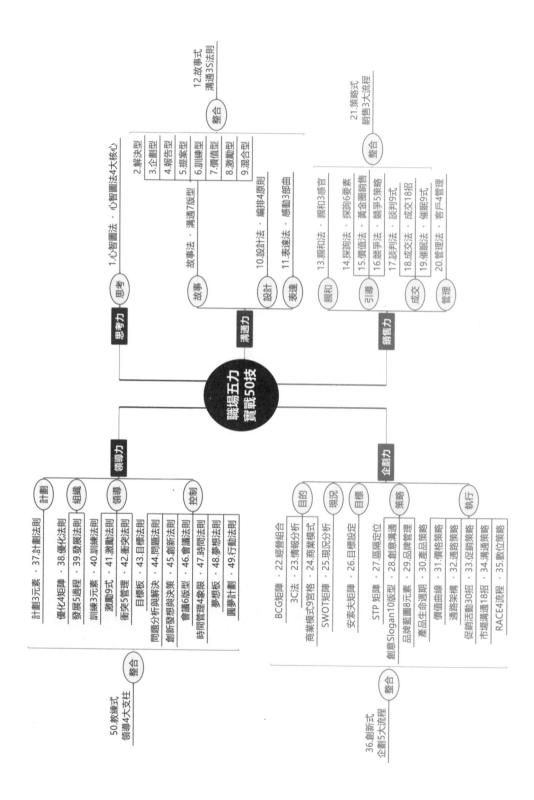

相關的核心能力。

關於職場五力，我想以《刻意練習》這本書來做引伸。該書作者指出成功人士與一般人士的最大差別，就是成功人士會大量的刻意練習，並形成系統性心智表徵。所謂心智表徵，就是當我們在面對某些事物或一系列資訊時，出現於腦中的具體全貌。例如圍棋大師下圍棋時，他所想到的不是一步步的棋子，而是一局局的棋譜；著名導演在拍片時，他所看到的不是一齣齣的演出，而是一幕幕的故事；頂尖演說家在演說時，他所說出的不是一句句的台詞，而是與觀眾一段段的互動。

當我們針對職場核心能力大量的刻意練習，就會建立起屬於自己的心智表徵。所以我把這本書的核心技術～**職場五力實戰50技**，做成左頁這張完整的心智圖，也可以說是職場核心能力的心智表徵，只要好好刻意練習，內化它，活用它，在職場上一定所向無敵。

要特別說明的是，這50個技術可單獨使用，也可以整合運用，因此在溝通、銷售、企劃、領導這四個單元，我就各章所屬的技術加以整合示範，藉此讓讀者進一步體會技術整合的強大威力。

二、高效面

本書介紹的50個專業技術，內容含括：架構、流程、技術、一句訣、工具、目的、說明、案例和心法（總結）。一個技術搭配一個工具，都是經過精心編製，以版型或模組的方式呈現，保證讓讀者快速上手，信手可用，更有利企業迅速導入，進而產生績效。

三、實戰面

一本好的工具書，一定要回到實戰的角度，而回歸到實戰，就必須要有技術工具及職場角色之學習對應，才容易吸收運用。本書的組成規畫為**50技術╳36角色**，書中50個技術工具由五力之思考力、溝通力、銷售力、企劃力、領導力展開；並將職場人物分列為36個角色，依主管、銷售、企劃、服務、工程、幕僚、支援、專業、一般等9大類展

開，以一張「**職場五力學習索引表**」拉頁完整呈現，可方便讀者迅速切入跟自己最相關的學習，即時體驗應用。

有關36個角色配置，由於職場上不同分工角色眾多，很難在學習索引表中一一列出，因此筆者提供另一角度做為學習參考，舉例如下：

- 如果你是個講師，需要經營講師市場及參與企業訪談，就必須具備企劃、銷售、顧問等角色所需要的技術；
- 如果你是個工程師，但常要跟著業務去推動生意，那你就得具備銷售人員的技術；
- 如果你是個律師，開了一家律師事務所，就要參考當負責人所需要的技術；
- 如果你擔任家管，常要去菜市場採買，或經常要教育兒子，就要學會談判技術……等等。

換句話說，從另一種角度來看，這本書也可以在你轉換職場跑道或斜槓時，提供你最快速的職場核心能力補給。

此外，本書是以實戰為主軸，在每一章的最後都附有實效見證專欄，各邀請六位學員分享他們的學習經驗及收穫，不論其職銜高低，每位都是實實在在聽過我的課，並且真正落實在工作上的受益者。建議讀者在使用這本書時，可以採用守、破、離的學習方式。「守破離」源自於禪宗，為日本劍道心訣之一，很簡單的三個字，包含了學習與成長的過程，亦可應用於本書的學習：

- **守**：熟悉版型，學習既有模式，熟悉本書所建議的技術及工具。
- **破**：突破規範，加入個人思維，應用在自己所屬的行業與角色。
- **離**：自成一體，建立個人風格，產生出自己的職場實戰好技術。

Chapter.

①

線上看職場五力微學習

思考力

整合式心智圖法
4 大核心

思考力如同一支手機，
如果手機效能不高，再多的 APP 也沒有用。

思考力，是職場工作者最基本的能力，本書中所強調的職場五力——思考力、溝通力、銷售力、企劃力、領導力，便是以思考力為基底，有了強大的思考力，才能再往上攀升。

本書是以技術工具為主，所以當然得介紹思考力的最佳技術是什麼？答案就是：**心智圖法**。

至於為什麼稱為「整合式心智圖法」呢？因為心智圖法最強的能力就是整合，尤其是在這個資訊爆炸的數位時代。

回想起高中時代，在就讀南一中時，我就是個小說迷，而我最愛的一部武俠小說當屬金庸的《倚天屠龍記》。故事中的主角叫張無忌，他因為小時候中了玄冥二老的寒冰掌而身中寒毒，必須長年仰賴師公張三豐的內力，才能抵抗致命的寒毒。在一個偶然的機緣下，張無忌學會了九陽神功，由於已經打通任督二脈，體內的寒毒竟不治而癒，甚至幾個時辰就學會明教神功～乾坤大挪移，之後更在瞬間學會張三豐的太極拳，這一切的一切，全都要歸功於九陽神功。

心智圖法就像是職場的九陽神功，學會了心智圖法，就能迅速學會職場所有的能力。

我剛進惠普公司的時候，績效不好，屢屢被主管警告，甚至被告知是年度可能被裁員的對象。於是我開始大量投資自己，上過的課程包括心智圖法、快速記憶、高效簡報、NLP神經語言程式學、催眠學、易經、塔羅牌、占星學、顧問銷售、策略銷售、創新企劃、高效會議、時間管理、專案管理、教練領導……等等。

上完這些課之後，我的思考逐漸變得強大，溝通更有效率，銷售屢創佳績，企劃完整到位，領導統合也難不倒我，到最後還獲選為惠普全亞洲的最佳經理人。我說這些並不是要誇耀自己的能力，而是想告訴我的讀者，我是如何從低谷爬出來，變成一個有自信、有能力的人。

我想要跟大家說：「人的一生是可以透過學習而翻轉的。」而在我所學的諸多課程中，第一門課便是心智圖法，也因為有了心智圖法的內力，進而在學習吸收其他課程時，也變得簡單而容易了，所以才說心智圖法是職場的九陽神功。

在本書當中，第一個介紹的技術就是心智圖法，目的也是要先讓各位學會九陽神功，之後就能很快的把 King 老師另外 49 個技術乾坤大挪移到你身上了。

接下來，就請大家跟著我一起來學習本書第一技，職場九陽神功～心智圖法！

01 心智圖法
大腦不好，一切免談

工具 ▶▶ 心智圖（心智圖法4大核心）

目的 ▶▶ 運用心智圖法，強化思考與學習的能力

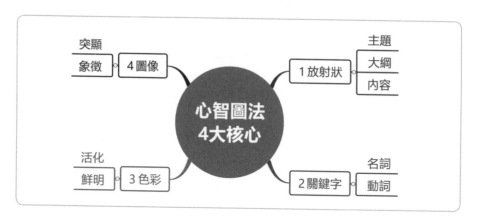

　　心智圖法（Mind Mapping），又稱為思維導圖，是1974年由英國學者東尼・博贊（Tony Buzan）所提出的全腦式學習法，以心智圖（Mind Map）做為「動態」處理訊息主要工具，提升大腦思考與學習的效率，能夠整合各種點子、想法以及彼此之間的關聯性，做一個架構性的視覺呈現。目前全球有超過2000家以上跨國企業將心智圖法導入到工作流程，並證明其高度有效性。

　　要畫出一張心智圖並不難，操作前最重要必須了解【心智圖法4大核心】，分別是放射狀、關鍵字、色彩、圖像：

一、放射狀

　　心智圖法的整體性是透過「放射狀」所構成，因為放射狀思考跟人腦神經元所呈現的放射狀連結，有相似的運作，所以放射狀思考就是最有效的思考模式。

　　心智圖法的放射狀思考，由內而外，可分為「主題」、「大綱」、

「內容」三個層次。只要大綱出現，後續的開展也就跟著出現了，正所謂綱舉目張。但問題是大綱不好舉，很多學習心智圖法的人，最難突破的就是大綱，也就是分類這一環。在此特別提供七種常用的大綱版型，方便讀者根據個人實際狀況自行組合變化。（本書所介紹50個技術也都是以大綱和版型的方式呈現）

1. **類別**：類別屬性，以事物類別分類。
2. **內容**：事物內容，以相關內容分類。
3. **章節**：段落章節，以文章段落分類。
4. **時序**：發生時序，以時間先後分類。
5. **步驟**：動作進行，以步驟流程分類。
6. **人物**：人物角色，以人物角色分類。
7. **事件**：5W2H，以事件的本質分類。

個別舉例如下：

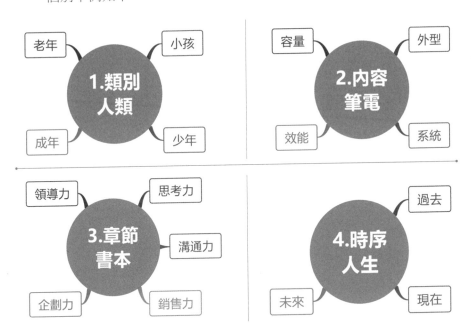

◀▲七種常用大綱版型。只要掌握每一個版型的內涵,再進一步自行變化即可。例如:時序可用於記載事件發生先後順序,人物亦可用在歷史故事的說明。當然,讀者也可自行發想或任意組合。

二、關鍵字

也可說是關鍵詞,以名詞為主,動詞次之,因為名詞及動詞較能具象,例如「蘋果」,讀者看到這個關鍵字,腦中會出現蘋果的影像,而影像會加強記憶。「非常」是副詞,「高興」是形容詞,就沒有具象,不適合用來當關鍵字。

三、色彩

色彩的主要功能是讓心智圖活化及鮮明,可依個人感受選擇,但由於人類對顏色仍有某些共相,了解顏色的基本規則,有助於對色彩的感受掌握。而關於顏色的基本規則,通常會參考六頂思考帽:

- 黃色/正面樂觀;紅色/情緒感受。
- 藍色/程序規則;綠色/創意思考。
- 白色/客觀事實;黑色/負面否定。

四、圖像

在心智圖中的某些關鍵字加上圖像,可使其被突顯及象徵,更能強

化對內容的記憶效果。

接著就用下面這張主題為「組織角色與職掌」的心智圖示範說明：這張心智圖是套用前面第六種大綱版型，以人物角色（主管、企劃、業務、公關、財務、稽核）分類，拉出大綱主幹，然後延伸出內容支脈，整體呈現出**放射狀**，文字都是簡單的**關鍵字**，**色彩**使用也依照六項思考帽規則。其中「定位」是本年度最被強調之職責，所以加上**圖像**突顯，整張圖看起來是不是變得很簡單易懂呢！

如何畫出一張心智圖

心智圖的繪製，分為手繪及電腦軟體繪製兩種，手繪的好處是直接且方便，缺點是修改起來比較雜亂，無法編輯及移動，建議可以多多使用電腦軟體繪製心智圖，才能快速處理、編輯、連結、合併，並進一步做知識管理與分享。

在此推薦一套功能強大的心智圖軟體Xmind，這套軟體提供免費下載（http://www.xmind.net/downloads），包括手機APP，其操作很直覺式，讀者可參考孫易新老師所寫的《案例解析！超高效心智圖法入門》，或是軟體功能列項目中的【歡迎使用Xmind】，上面都有很詳細的說明。至於一些常用的功能，筆者則用一張圖來幫大家做最迅速之引導：

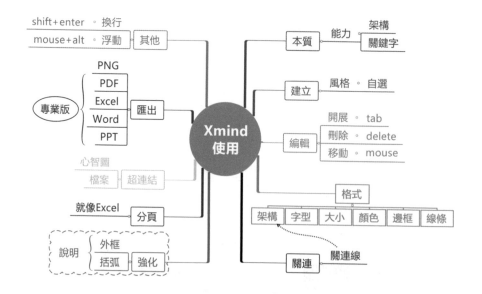

　　一般來說，當我們攤開一張白紙，或開一個空白頁面繪製心智圖時，啟動的運作模式（或屬性）主要有兩種：

一、快速發想（Note Making）

　　就是**將東西從腦子拿出來**，可應用在：旅遊計劃、採買計劃、一週計劃、工作計劃、溝通準備、簡報架構、銷售計劃、行銷計劃、領導計劃、會議管理、問題分析、創意發想、活動準備、夢想設定……等任何需要由大腦提取發想的思考。（本書所有版型都是心智圖法Note Making的延伸應用）

二、速記摘要（Note Taking）

　　就是**將東西放進去腦子**，可應用在：文章摘錄、型錄摘錄、演說摘錄、影片摘錄、新聞報導、培訓筆記、會議記錄、快速記憶、考試準備……等任何可以被摘要、歸納並放入大腦的應用。

案例 ▶▶心智圖法的使用案例不勝枚舉，在此就前述兩種屬性各舉兩個案例示範說明，其中案例❶自我介紹、案例❷應徵面試屬於快速發想，案例

❸公司介紹、案例❹讀書分享則是速記摘要。

〔案例❶〕**自我介紹**

　　我以前很害怕做自我介紹，常常不知道該從何說起，自從學會心智圖法，只要一張白紙，三分鐘便可以上陣，並侃侃而談。

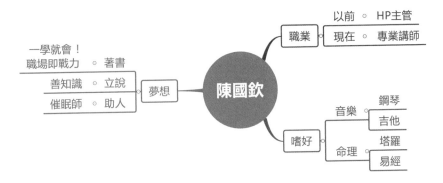

　　在畫自我介紹心智圖時，主題就寫上自己的名字；分類大綱最具代表的就是「職業」、「嗜好」、「夢想」；再由大綱往下順勢展開內容，職業分為「以前」與「現在」，嗜好分為「音樂」與「命理」，夢想分為「著書」、「立說」、「助人」，然後往下展開所有內容。

　　開始做自我介紹時，腦中必須牢記這張心智圖，並運用水平式溝通技巧。所謂**水平式溝通**，就是將同水平層次的大綱～職業、嗜好、夢想，先行傳達。先行傳達的用意是做抽屜，只要建立起這三個抽屜，聽者便很容易進行之後的收納。

　　示範如下：

- 我是陳國欽，今天跟各位做自我介紹，分三個項目：職業、嗜好、夢想。

- 在職業的部分，分為以前跟現在，以前是HP主管，現在是專業講師。

- 再來談談嗜好，嗜好分兩個，音樂跟命理，音樂我會鋼琴跟吉

他，此乃民歌手必備樂器，命理我會西方的<u>塔羅</u>及東方的<u>易經</u>。

- 接著談談我的夢想。我的夢想分為三個，<u>著書</u>、<u>立說</u>、<u>助人</u>，著書的夢想已經達成～《一學就會！職場即戰力》，接著就是要去立說，到處傳播<u>善知識</u>，這就是我目前正在做的事情，最後我希望將來可以當一個催眠師，幫助人們重建受傷的心靈。

一般講完之後，學員都可以很輕易的重複我自我介紹的內容。簡單來說，**心智圖法＋水平式溝通，可以讓人很快記住你所講的內容。**

〔案例❷〕**應徵面試**

其實面試就是自我介紹的延伸，只是當你在面試時會有人在旁邊打分數而已。

我有一位在金融業工作的學員，因為覺得工作很苦悶，把賺的錢全都拿去旅遊。我跟她說，有一種職業不用花錢也可以環遊世界～領隊，後來她如願考取專業領隊證照。但是問題來了，領隊如果沒有靠行旅遊公司，就幾乎沒有旅遊團可帶。後來她跑去國內一家很知名的旅行社面試，就在開始面試前的一個小時，她打了一通電話給我，以下是我們之間的對話：

學員：King老師，看這狀況我應該不用考了……600人要錄取6名，1%的錄取率，比國考還難，而且我只是個新科領隊，每個對手都身經百戰，帶團無數，其中還有退休醫生、法官、律師、教授……等一些強勁對手，我還要面試嗎？

King：沒拚，怎麼會知道輸贏？

學員：那老師您教我如何面試，好嗎？

King：這樣吧，妳告訴我妳的三個強項。

學員：我的強項應該是熱情、健康、努力。

King：可以把這三個強項講得詳細一點嗎？

學員：熱情～我每年都到西藏、尼泊爾或印度去做藏傳義工；健康～我可以連踩3小時飛輪，在西藏6000公尺高山，血氧還有90%；努力～我靠自己努力苦讀，考上12張證照。

King：我把妳剛剛「從腦子說出來」的話，畫成一張心智圖LINE給妳，我現在講一遍給妳聽，妳等下進場就照著講。

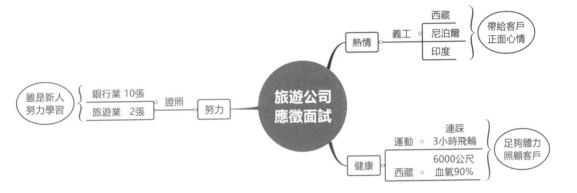

　　這張心智圖主題是「旅遊公司應徵面試」，以學員的三大強項「熱情」、「健康」、「努力」做為分類大綱，然後順勢往下展開內容，熱情部分談藏尼印義工，健康談運動與西藏，努力談的是取得12張證照的學習表現。

　　關於水平式溝通，在上一個案例自我介紹已做過說明，在此就直接示範：

- 我是陳○○，首先感謝公司給我這個應徵面試的機會，我想告訴各位主考官錄取我的三個理由，就是熱情、健康、努力。

- 我是一個很熱情的人，每年都會到西藏、尼泊爾或印度去做義工，我希望透過我的熱情，可以帶給貴公司客戶最正面的旅遊心情。

- 身為領隊，健康很重要，我可以連續踩3小時飛輪，而且我在西藏6000公尺山上，血氧仍可以維持在90%，人家還以為我是西

藏人呢，有這樣健康的身體，才有足夠體力來照顧客戶。

- 我靠自己努力苦讀，考上12張證照，銀行業10張，旅遊業2張。我雖是新人，但我願意努力跟資深領隊好好學習，以備將來為貴公司效勞。

- 以上，是貴公司為何錄取我的三個理由，謝謝各位主考官給我面試機會，感恩！

事後，她語帶感動的打電話跟我說，她被主考官當場錄取，因為主考官很欣賞她面試的內容及口條，順暢又好記。所以，心智圖法也可以幫助學員圓夢成功，這就是一個快速發想的即戰應用。

〔案例❸〕**公司介紹**

前面案例❶的自我介紹是Note Making，是一種快速發想模式，訊息是從腦子裡拿出來；而公司介紹是Note Taking，則是一種速記摘要的模式，因為是要把公司訊息放進去腦子。

我是太毅國際顧問的專任講師，常常要對外介紹所屬管顧公司，就以太毅國際來做個示範。首先，畫出官網中關於公司介紹的關鍵字：

以創造人對於改變的熱情為**願景**，致力於全球人才創新、客戶體驗和對組織需求的洞悉。在巨變的時代，我們以「引領企業到達下一個理想層次」為**使命**，並深信「學習」能夠帶領企業預見趨勢，進而推動改變的進程。

熱情、創新、堅持、顧客導向、團隊合作是我們的核心**價值**，在不斷推移、轉折的新經濟時代裡，這些價值確保了我們與合作的客戶，能夠利用新的思維和技術，提升自己的角色，成為企業的戰略夥伴，掌握新的市場機會。

全球化的**解決方案**支應體系，匯集全球智慧，我們滿足客戶在企業競爭力與人才領導力兩大核心領域的發展，在遍及全球五個地區與七個

營業據點的支持下，將洞察企業的影響力、戰略諮詢的分析能力和制度藍圖的規劃力融為一體，結合不同領域的領導力專家、組織研究者、品牌戰略家、策略管理家以及人才發展家，一起在第一線共同努力，以實現我們成為世界上最受認可的創新企管顧問公司。

（＊以上內容摘自太毅國際顧問股份有限公司官方網站）

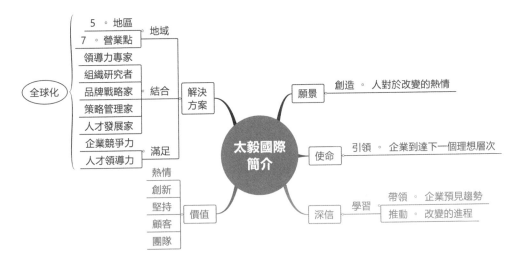

畫出心智圖架構：以「太毅國際簡介」為主題，根據官網文字介紹拉出「願景」、「使命」、「深信」、「價值」、「解決方案」做為大綱主幹，再往下順勢展開相關內容支脈。如此一來，便將373字的公司介紹，以心智圖整理成5大類117個字，大大提升了記憶效能。

〔案例❹〕**讀書分享**

我曾經受邀為《催眠聖經》做一場讀書會分享，這時候就要用到心智圖法速記摘要的功能，把主要文章內容濃縮成心智圖放進去腦子，到時才有辦法順利分享給讀友。

同樣的，第一步先找出〈催眠五步驟〉這篇文章中的關鍵字，然後著手繪製心智圖：

1 **詢問**解疑（Diagnosis）：了解被催眠者的動機與需求，詢問他對催眠既有的看法，解答他有關催眠的疑惑，確定他知道等一下催眠時哪些事情會發生，而沒有不合理的期待。很多時候，催眠師可能要花點時間做個催眠簡介，因為大多數人對催眠的了解很少，這很少的了解中又大部分是誤解。

2 **誘導**階段（Induction）：催眠師運用語言引導，讓對方進入催眠狀態。一般而言，常用的誘導技巧有漸進放鬆法、眼睛凝視法。

3 **深化**階段（Deepening）：引導被催眠者從輕度催眠狀態，進入更深的催眠狀態。常用的深化技巧有數數法、下樓梯法。

4 **治療**階段（Healing）：視被催眠者的需求來治療，催眠師需要相當好的心理治療背景，最好在宗教、哲學層面也有所涉獵。

5 **解除**催眠（Ending）：讓被催眠者從催眠狀態回到平常的意識狀態，確保他對整個治療過程保有清楚的記憶，適切給予催眠後暗示，幫助他在結束催眠後，感覺很好，並且強化療效，通常以數數法為主。如果個案不排斥靈修的東西，我個人習慣在這個階段引導對方做個觀想，想像有一顆水晶球或太陽出現在他眼前，為他補充源源不絕的能量，再以數數法引導他清醒，效果十分優良。

（＊以上內容摘自廖閱鵬老師所著《催眠聖經》一書）

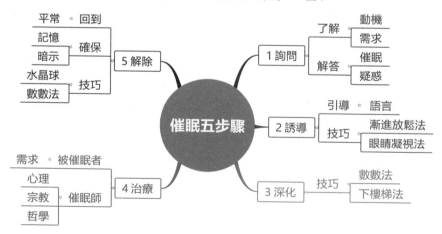

這張心智圖主題就是「催眠五步驟」，套用章節大綱版型，以文章段落分類為「1詢問」、「2誘導」、「3深化」、「4治療」、「5解除」，並往下順勢展開相關內容支脈。單單只用一張圖，就把原文468個字濃縮成83個字，分為5大類，既清楚又容易記憶。

King 老師即戰心法補帖

➲ 刻意練習

很多學生學不會抓關鍵字及架構心智圖，問我該怎麼辦？

我的回答是：只有刻意練習，別無他法。

在職場或日常生活中，隨時拿起一張白紙，先定出主題，然後試著做分類大綱，之後開展內容；或先有內容，再往上想出大綱也可以。久而久之，你就會發現原來畫心智圖那麼簡單！

➲ 回到本質

我們在日常生活中，常會聽到水平思考、垂直思考、創意思考、設計思考、圖像思考、決策思考……等思考模式，以及魚骨圖、樹狀圖、流程圖、清單圖、親和圖、關聯圖……等思考工具。其實以上種種，都是心智圖法的變形與呈現而已，所以心智圖法就是思考的本質，好好練會心智圖法，其他的思考相關技能會自然產生。

用對方法，也可以是資優生！

看到一個南部鄉下靦腆小孩，從電腦公司小業務，一路爬升到外商公司資深副總；從一開始老是拿不到訂單，到成為創下百億年營業額的百億達人。我親眼見證King在學習心智圖法後的蛻變，就像破繭而出，打通任督二脈，做事變得很有效率，無論在職場或生活上，都充分展現他的亮眼才華。

我們家兩位雙胞胎兒子，哥哥從小學習就比較遲緩，功課樣樣不通，後來跟他爸爸學習心智圖法後，學會如何有效架構知識及準備考試，從此智能大開，小學四年級報考全國卓越盃數學大賽，就榮獲優等獎；上國中也順利考上資優班；高中會考竟然是全班第一名。

記得我有次要到國外出差，正在房間整理行李時，弟弟從門縫遞進一張紙，我拿起來一看，是用心智圖畫的出國必帶物品，小朋友用心智圖來表現他的貼心，多麼溫馨且令人感動。

兒子的學校曾邀請King去和學生們分享心智圖法，演講前一晚，父子三人擠坐在客廳沙發上，一同盯著電腦螢幕，比手畫腳的用心智圖討論簡報內容……看到那一幕父子互動的畫面，讓我感到非常欣慰和動容。

想不到學習心智圖法，除了可以幫助小孩念書，還能促進親子關係，原來心智圖法已深入我們生活中，隨時隨地都能運用得到，是一種隨身可以帶著走的競爭力。

——華信航空 公關室經理

黃尤櫚

······ ◆ ······

星探，就是要發掘最好的講師。

太毅國際主要從事企業人才發展與教育訓練整合，是國內最大的訓練顧問公司之一。身為這家公司的總經理，除了要帶領團隊達成績效，更要為企業挑選最優秀及最合適的老師。如果把老師當成藝人來看，我的另外一個工作就是「星探」。

三年前我獲知有一位武功高強的外商高階主管即將轉換跑道當講師，在第一次與King老師見面時，他當場以很簡明、扼要、清楚的方式，說明其課程設計與效益，他的熱情及豐富的業界經驗，讓我留下深刻印象。

隨後安排到公司試教授課，他展現獨到心智圖法應用及精心設計的模組表單，循序漸進的引導，幽默活潑的互動，獲得太毅同仁一致讚許，當下就決定簽約，成為太毅專屬的品牌講師。

一開始先安排一家知名金融業的整合企劃課程，在完全沒有運課經驗之下，竟高達99.6的客戶滿意度。整合客製、高效模組、立即可用，是企業一致的回饋，之後更有很多企業將King老師的職場五力列為必修課程。最重要的是，太毅同仁也把心智圖法做為思考溝通的工具，並把他的銷售及企劃課程當成公司營運參考工具。

King老師剛出道時，就寫了一本《職場五力成功方程式》，而這第二本書就是他授課500場的行業經驗及進階實戰版，含金量高，實用性強，想在職場生存升官，就靠這本超級工具書了，鄭重推薦，值得收藏！

——太毅國際顧問股份有限公司 總經理

王淑苓

.... ◆ ....

金融界高階主管，也需要統整與進化。

熟讀《論語》等四書五經，懂得古人做人處事道理；而熟讀《一學就會！職場即戰力》，應用得宜，您將可以在職場過關斬將，成為職場人生勝利組！

在這個AI即將顛覆過往的商業模式，跨業競爭即將替代原本屬於您既有利益的時代，不管您現在的職位如何，都該具備思考力、溝通力、銷售力、企劃力、領導力，方可在職場勝任愉快，事成人爽。

國欽老師擁有優越的實務經驗，這本書將其過往成功實戰經驗歸納分析，條理分明，化繁為簡，好比是教您如何運功發招的武功秘笈，在此感謝作者在永豐金EMBA[+]課程的指導，令我受益良多！

——永豐金證券 副總經理

黃烽旗

.... ◆ ....

關懷生命，宣揚價值。

「Caring for life」關愛生命，是費森尤斯卡比公司的企業宗旨。我們承諾將需要的藥物與科技帶給醫護人員，讓他們為病人提供最佳的治療與照護。我們在營運各方面，堅持以客戶需求為中心，不斷追求卓越，並貫徹以品質為先的理念與作為；我們堅

守承諾，秉持高標準的商業道德與合規要求，致力成為客戶最信賴的夥伴；我們齊心協力，合作共贏；我們關愛生命，並以熱忱協助醫護人員改善病人的療效，為各方創造價值。基於以上理念，我們需要一群專業的公司同仁到客戶端宣揚公司理念，而這群人必須要有很強的簡報技巧，並在簡報中宣揚公司價值，甚至是銷售的動作。

2018年3月，我們第一次邀請陳國欽老師到公司開課，在他生動有趣的簡報技巧課程中，接觸到心智圖法的概念，以及如何應用在策略簡報及整合五力，並且深刻運用在職場當中。這堂課廣受學員好評，之後陸續在9月加開兩堂國欽老師的課，讓第一次向隅的同仁都能學習到這個在職場上非常受用的工具。個人也全程參與其中一堂，並從課堂中收穫的心得，發展出同仁在面對困難時，尋求解決方法的思考模式與共通的語言。

這個工具，帶給同仁間正向的循環，除了快速解決問題之外，更為公司創造更多的價值。國欽老師把他的所有技術都公布在這本新書當中，肯定非常精采，值得鄭重推薦。

—— 台灣費森尤斯卡比股份有限公司 總經理

邱建智

······ ◆ ······

廣播人也需要學的高效説話術。

廣播主持工作25年，帶狀節目型態讓我一天要訪問的來賓最多達到六位，有時常常來不及消化資料就要進行採訪，所以一直都在追尋著不要太努力就可以簡單整理重點的方法。

三年前，第一次看到 King 哥在《職場五力成功方程式》一書中介紹道：「心智圖法是種懶人成功術，可以改變工作者思考與做事方式，讓大腦CPU從1顆變4顆。」心想，這真是太適合我了，馬上就邀請King哥到節目中分享。訪問之後，又向King哥請教更多心法，學會在短時間內將所有重點在腦中統整後立即表現出來。從此心智圖法幫助我在訪問來賓、演講、教學、主持活動上省下很多記憶資料的時間，同時也提升了我的邏輯思考力與記憶力。

心智圖法簡單好用，將繁瑣的重點視覺化，幫助記憶，如果高中時期就有人教我心智圖法，大學應該就不用重考兩次了。運用在工作上，它幫

助我在開會時將不同類別訊息迅速整合，在個人及團隊的時間管理上也大大提升時間效能。

King哥從外商公司高階主管到心智圖法教學推廣，幫助到無數在職場卡關的人，讓我非常敬佩，常常向他請益，每次見面他總是散發著專業的自信，無私的與我分享，這是一本含金量很高的工具書，有許多實用的方法，化繁為簡，讓你在各項專業中可以持續燃燒熱情。

——正聲廣播公司〈台北在飛躍／橘色唱盤〉
節目製作主持人

宛志蘋

⋯⋯◆⋯⋯

創新發想，原來可跟高鐵一樣快！

記得十多年前，第一次接觸到心智圖法時，粗俗的直覺它不過就只是和樹狀圖或魚骨圖類似的思考方式。但直到兩年前，因公司內訓課程「職場五力成功方程式」的因緣，認識了陳國欽老師，透過老師在課程中講述的各種心智圖版型實戰應用，心裡才真正發出「哇！」的一聲，原來心智圖的應用可以這麼廣泛，不論是問題解決、簡報構思及活動企劃，甚至是

人生夢想都可以透過心智圖輕鬆建構成就。

後來又續邀老師來幫內部講師講授如何用心智圖法高效備課，這一次我不是主辦人，而是學生的身分，用老師的心智圖培訓版型——設問、激勵、技術、啟動，讓我在20分鐘內就架構出一堂「不能沒有你」的電話禮儀課程：

- 口訣：不能沒有你
- 來電「不」慌張，接聽「能」溝通，轉接「沒」遺漏，結束「有」禮貌，「你」就是繁花盛開的理由！

沒有心智圖，或許人生還是會繼續平凡地走下去，但懂得學習應用心智圖法的您，相信一定可以為自己的人生創造更多的美好顏色。

——台灣高鐵 人力資源處任用暨發展部課員

吳羿慧

Chapter. **2**

線上看職場五力微學習

溝通力
故事式溝通 3S 法則

擅於溝通的人，
是職場的魔術師，隨時會變出奇蹟。

我想先用一個矩陣來開場，請各位讀者看一下右邊這張圖。

過去我大部分時間，都是代表台灣跟HP亞洲總部做營業績效簡報，台灣因為經濟不景氣，再加上行動裝置高度成長，造成印表機市場受到重大衝擊，經常處於低績效狀態，也就是說我只有當第三種人或第四種人的分兒，而也因為常處於臨淵深壑之中，正好可鍛鍊我的簡報技巧。

換個角度來說，老闆可以接受你數字不好，但無法接受你不知道發生什麼事，更無法接受你不知道該怎麼辦。所以在職場上常會被問到 **What's your story？** 由於我懂得說故事，關關難過關關過，因此只要會說故事，在職場幾乎所向無敵。

「說故事」是目前職場上很夯的三個字，包含說故事溝通、說故事簡報、說故事銷售、說故事提案、說故事培訓、說故事行銷、說故事領導……等等，只要跟說故事沾上邊的東西，就一定熱賣。

有人問我：「說故事很難嗎？要練很久嗎？我練得會嗎？」

我的回答是：「說故事非常的簡單，因為它是有公式的，只要照著公式說故事，三分鐘就能學會怎麼說一個動人的故事。」

那說故事的公式在哪裡呢？

別慌，King老師已針對職場中常見的說故事情境，開發出七個常用的說故事公式：**溝通7版型**。這也是我這幾年授課，學員回饋最為受用的技術，甚至有學員特別打電話給我，說因為有了這個技術，讓他從職

場魯蛇，迅速翻轉為職場上的勝利者。

　　上一章思考力，運用的技術是心智圖法，目的是**讓人記住**。而這一章溝通力，主要技術是溝通7版型，目的是**讓人感動**，而把心智圖融合溝通7版型，便是要大家學會讓人記住又感動的溝通技巧！

　　一個真正強大的溝通者，不只要會說故事，還要會設計簡報，更要有動人的表達能力。所以整個故事式溝通力，就是**溝通3S法則：Story（故事力）、Sense（設計力）、Show（表達力）**，心智圖的呈現如下：

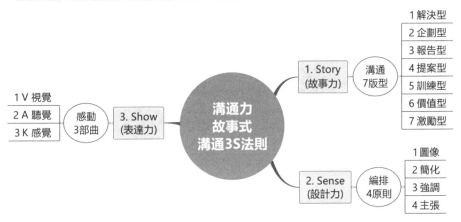

一、Story（故事力）

　　指架構邏輯版型，也就是【溝通7版型】。

內 理			外 感			
解決型	**企劃型**	**報告型**	**提案型**	**訓練型**	**價值型**	**激勵型**
SPST	GSOST	DIFF	PSWR	AMTH	WHW	PLMI
•Situation（現況） •Problem（問題） •Strategy（對策） •Target（目標）	•Goal（目的） •Situation（現況） •Objective（目標） •Strategy（對策） •Tactic（執行）	•Data（資料） •Information（訊息） •Finding（發現） •Future（未來）	•Problem（問題） •Solution（解法） •Why me（差異） •Request（下一步）	•Ask（設問） •Motivate（激勵） •Technology（技術） •How（啟動）	•Why（為什麼） •How（怎麼做） •What（做什麼）	•Power（震撼） •Lose（失敗） •Miracle（奇蹟） •Inspire（鼓舞）
解決問題	工作計劃	報告績效	銷售提案	教育訓練	價值傳遞	改變信念

溝通7版型中，三個對內／理性，四個對外／感性，指的是該版型偏重程度，並非絕對。例如訓練型有時也會對內。這七種版型，可以說是七種情境、七種模式，會因人、因事、因時、因地，產生不同的應用，且內容又會有相互參考及組合，進而發展出混合型，威力無窮，讀者可細細品味。

另外，所有的有效溝通，特別是一場簡報，或是一對眾的演說，還要有吸睛的開場及強力的結尾才算完整。

完整的溝通架構如下：

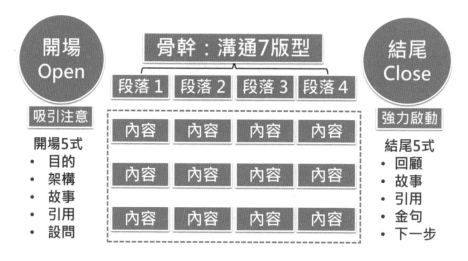

從這張溝通架構圖看得很清楚，**完整的溝通架構需要有三個支架：開場、骨幹、結尾**，開場是要吸引注意，骨幹是鋪陳內容，結尾則是為了強力啟動。

骨幹也可稱為**故事線**，在本書指溝通7版型的任一版型，當然也可以自由變化；其下展開的段落，是指每一個版型的「錨點」，例如解決型有現況、問題、對策、目標這四個錨點，其他版型也一樣，有幾個錨點就有幾個段落；而段落之下的內容，是每一個段落的垂直延伸。

溝通7版型在本章中會逐一詳細說明，在這裡特別將常用的【開場

5式】及【結尾5式】，做個簡單說明及舉例：

➤ **開場5式**

目的	架構	故事	引用	設問
幫助你簡單快速的學會向上報告！	1.現況 2.問題 3.對策 4.目標	電梯驚魂記只有30秒，老闆點頭！	卡內基「溝通的最高境界，就是聽話聽到對方很想說話，說話說到對方很想聽話。」	請問你目前在向上報告時，遇到最頭痛的三個問題？

- **目的**：事先說明來意，讓聽眾知道所為何來。
- **架構**：給出主題大綱，讓聽眾建構收納抽屜。
- **故事**：先說一段故事，讓聽眾產生同理共鳴。
- **引用**：引用名人敘述，讓聽眾參照引用權威。
- **設問**：利用簡單提問，讓聽眾思緒參與進來。

以上五式可以複選應用，但內容不要太多，免得開場冗長，效果適得其反。

➤ **結尾5式**

回顧	故事	引用	金句	下一步
1.現況 2.問題 3.對策 4.目標	一個學生傳給我一首歌《You Raise Me Up》	賈柏斯「如果明天是你的最後一天，今天還是會去做的事，就是對的事！」	追求卓越，成功就會不經意的到來！	課後啟動 1.下載軟體 2.練習版型 3.導入工作

- **回顧**：針對主題大綱，讓聽眾回憶收納抽屜。
- **故事**：再說一段故事，讓聽眾再度同理共鳴。
- **引用**：再引名人敘述，讓聽眾再度參照權威。
- **金句**：給出強力金句，讓聽眾感受強力結尾。
- **下一步**：課後啟動建議，讓聽眾將感動化為行動。

以上五式可以複選應用，但內容不要太多，免得結尾冗長，結束得不夠利落。

二、Sense（設計力）

指簡報版面設計，就是【編排4原則】。

- **圖像**：一圖勝千言，視覺化呈現，幫助觀眾容易理解。
- **簡化**：用字力求簡潔，簡報就是要簡單的報。
- **強調**：從資訊海中撈重點，突顯最需要被強調的地方。
- **主張**：讓人知道你要講什麼，用一句話明確傳達主張。

三、Show（表達力）

指表達技巧，就是【感動3部曲】。

人主要有三個接受器：視覺（Visual）、聽覺（Auditory）、感覺（Kinesthetic）。所以專業的表達技巧，便是在這三個主要感官中下功夫。

- 視覺（V）

  眼神：專注堅定，彼此交流。

  儀態：自然表情，肢體放開。

  自信：充分準備，做你自己。

- 聽覺（A）

  全音：不吃字，逐字說清楚。

  正音：發音準，咬字要準確。

  噴口：加重音，語氣要變化。

- 感覺（K）

  同理：做同步，跟聽眾一致。

  換位：換立場，從聽眾角度。

  感情：要投入，讓真情流露。

02 故事法～溝通7版型(1)
工作就是來解決問題的

工具 ▶▶ 解決型

目的 ▶▶ 快速幫你架構思考，成為解決問題的高手

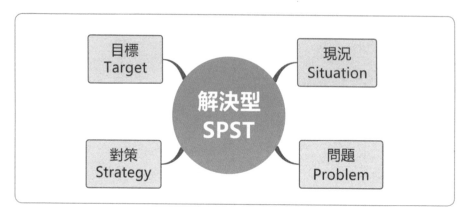

　　【解決型】是個超級好用的版型，因為工作一定會有挑戰，有挑戰就得想辦法，職場不就是在解決一連串的問題嗎？有學員跟我說，光這一個版型就讓老闆對他馬上改觀，不僅重用他，還幫他加薪。

　　如上圖所示，解決型大綱為**現況**、**問題**、**對策**、**目標**。

- **現況：**說明目前狀況，一定要具體，最有效的就是數字。
  例如→房子太小，只有14坪。
- **問題：**什麼樣的問題導致現況的發生。
  例如→住房只有14坪，問題出在薪水太低，買不起大房子。
- **對策：**什麼樣的對策可以處理掉問題。
  例如→既然薪水低，就想辦法強化實力，把薪水拉高。
- **目標：**跟現況一樣，也是要有數字，有數字才能量化目標。
  例如→五年內換一間50坪大的房子。

以對應性來看，「現況」與「目標」對應，「問題」與「對策」對應。

案例 ▶▶ 電梯驚魂記

　　有一天，我跟國外老闆一同搭電梯，以下是我們當時的對話：

老闆：King，為何第一季績效沒有達到？

King：市場不景氣，對手太瘋狂，資源總不夠……。

老闆：你以後如果再講這樣的藉口，我就把你換掉！

（隔天，我主動去找老闆，請他再給我一次機會）

King：報告老闆，關於第一季沒有達成目標的議題，我在這裡分四個面
　　　向跟您說明，分別是現況、問題、對策、目標。

- **現況**：目前台灣達成率是80%。
- **問題**：經過了解，主要有三個問題～市場、競爭、產品。
  - ✓ 市場：無紙化來臨。
  - ✓ 競爭：競爭者來勢洶洶。
  - ✓ 產品：無中文面板。
- **對策**：一樣分成市場、競爭、產品來提出對策。
  - ✓ 市場：轉型為服務，不再賣Box。
  - ✓ 競爭：收編更多通路來對抗競爭者。
  - ✓ 產品：沒有中文面板，先主攻外商公司。
- **目標**：第二季使命必達，要衝達成率100%，但我需要50萬的廣
  告費支持！

老闆：講得很好，我支持你！

後來我老闆套用解決型去對他上面的老闆報告，也得到很好的回饋，所以日後就規定大家報告都用同一個版型，如此一來，易思考、易理解、易溝通，績效自然會提升。

King 老師即戰心法補帖

⊃ 九字真言

想清楚，寫下來，說出去，升官加薪，一定有你的分兒！

通常職場溝通狀況有兩種：(1)事前花10分鐘想清楚，寫下來（畫成心智圖），然後用30分鐘說出去，得到老闆的欣賞；(2)事前不想花10分鐘想清楚與寫下來，然後被老闆痛罵2小時。

聰明的你，當然要選(1)。

而且最好背下來，會更有說服力，因為那代表你有準備、具自信、夠專業。眼睛始終看著對方，也是一種說服與尊重的表現。

⊃ 統一使用

使用版型，除了快速引導自己思考之外，另一個重大意涵就是統一組織內所有成員的邏輯。只要邏輯統一，不管是向上溝通、向下溝通，或是平行溝通，都講一樣的語言，這個企業自然就會因為成員思考與溝通同步，而穩定持續的強大。

或許你會問，同樣版型，真的適用在所有向上、向下與平行的溝通嗎？

答案是：溝通版型一樣，但目的不一樣。

簡單來說，「向上溝通」要的是**理解**，須關注在得到主管了解；「向下溝通」要的是**支持**，須關注在獲取屬下承諾；「平行溝通」要的是**合作**，須關注在確認同仁共識。

⊃ 往下歸類

解決型的「問題」與「對策」相對比較複雜，各位是否想過，將問題與對策的下位階固定，我們把原來的心智圖變成右頁中間這一張：

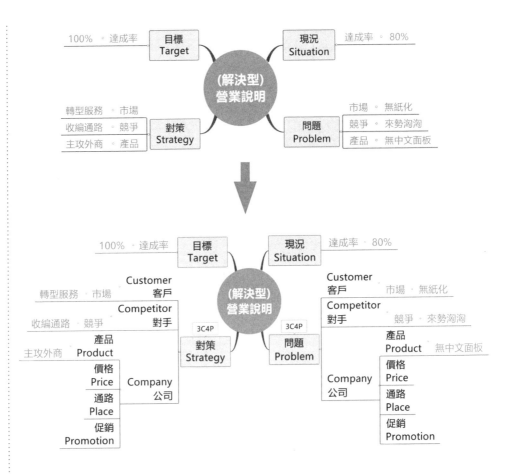

最主要的差異，就是把「問題」與「對策」的第二層再度模組化。

一般在營業單位就是**3C4P**：3C→Customer（市場面）、Competitor（競爭面）、Company（公司面）；而公司面可再細分為4P→Product（產品）、Price（價格）、Place（通路）、Promotion（促銷）。

這樣歸類的好處是可以用3C4P來引導我們深度思考。例如43頁中間這張心智圖「價格」、「通路」、「促銷」是空的，它會自然而然引導我們去思考這三個地方是不是也有問題？

另外，既然它已經被模組化，一樣可以被固定使用，方便記憶。根據我去各行業授課經驗，職掌角色的「問題」與「對策」，大概可模組化如下：

- 營銷（Sales & Marketing）：3C4P
- 服務（Service）：人力／系統／溝通／流程
- 研發（R&D）：人力／機台／原料／流程
- 財務（Financial）：單位／系統／收益／成本
- 人資（HR）：選才／育才／用才／留才
- 主管（Manager）：計劃／組織／領導／控制

（讀者亦可依需求自行定義）

03 故事法～溝通7版型(2)
企劃就是工作的指南針

工具 ▶▶ 企劃型

目的 ▶▶ 快速幫你構思工作計劃或願景展望

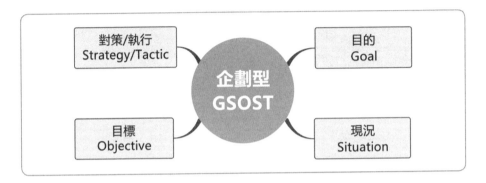

【企劃型】也是職場上使用率極高的版型,簡單來說,就是工作計劃。如上圖所示,其大綱為**目的、現況、目標、對策、執行**。(因為執行是對策的下位階,所以把對策與執行放在同一區塊)

- **目的:** 長期的方向,就像北極星一樣,是一個很明顯的終極指標。一般是三年以上的長期目標。
- **現況:** 目前的狀況,一定要具體,最有效的就是數字。
- **目標:** 短期的目標,相對於現況,必須有所成長。一般是三年內的短期目標。
- **對策:** 什麼樣的策略可以達到目標。
- **執行:** 什麼樣的行動可以支持對策。

案例 ▶▶ 科技業～工程師對幸福企業的展望

這是一家台灣的老字號電腦公司,員工加班及出差頻繁,且普遍對公司滿意度很低。我去授課的時候,就請工程師阿宅們一起來發想如何

讓公司成為幸福企業,並鼓勵他們把想法跟老闆報告。之後他們的對話如下:

員工:報告老闆,關於如何成為幸福企業的議題,我在這裡分五個面向跟您說明,分別是目的、現況、目標、對策、執行。

- **目的**:成為台灣前十大幸福企業。
- **現況**:目前員工對公司滿意度是60%。
- **目標**:訂出三年計劃如下:
    - ✓ 今年滿意度70%。
    - ✓ 明年滿意度80%。
    - ✓ 後年滿意度90%。
- **對策與執行**:以薪資、福利、環境、健康四點分別說明:
    - ✓ 薪資:希望每年可針對表現優良員工調薪10%以上。
    - ✓ 福利:希望每年舉辦出國旅遊一次。
    - ✓ 環境:希望公司重新打造環境,目前過於老舊。
    - ✓ 健康:希望公司每年全額補助員工健檢,讓大家能更健康的為公司打拚。

老闆:你的分享很有邏輯及建設性,我會跟高階主管召開會議,趕快來啟動這幸福企業的齒輪!

誰說工程師不會說話呢,只要經過訓練,一樣講得很好!

King 老師即戰心法補帖

運用企劃型，有幾點重要心得（前兩項跟解決型一樣）：

➲ 九字真言

想清楚，寫下來，說出去，升官加薪，一定有你的分兒！

通常職場溝通狀況有兩種：(1)事前花10分鐘想清楚，寫下來（畫成心智圖），然後用30分鐘說出去，得到老闆的欣賞；(2)事前不想花10分鐘想清楚與寫下來，然後被老闆痛罵2小時。

聰明的你，當然要選(1)。

而且最好背下來，會更有說服力，因為那代表你有準備、具自信、夠專業。眼睛始終看著對方，也是一種說服與尊重的表現。

➲ 統一使用

使用版型，除了快速引導自己思考之外，另一個重大意涵就是統一組織內所有成員的邏輯。只要邏輯統一，不管是向上溝通、向下溝通，或是平行溝通，都講一樣的語言，這個企業自然就會因為成員思考與溝通同步，而穩定持續的強大。

或許你會問，同樣版型，真的適用在所有向上、向下與平行的溝通嗎？

答案是：溝通版型一樣，但目的不一樣。

簡單來說，「向上溝通」要的是**理解**，須關注在得到主管了解；「向下溝通」要的是**支持**，須關注在獲取屬下承諾；「平行溝通」要的是**合作**，須關注在確認同仁共識。

➲ 往下歸類

跟解決型一樣，企劃型亦可進一步往下位階模組化，不過要先探討企劃型態的分類：

(1)企業型：可分為經營企劃型及投資企劃型。

(2)商業型：可分為行銷企劃型、產品企劃型、促銷企劃型、公關企劃型、廣告企劃型、研發企劃型、服務企劃型。

(3)幕僚型：可分為人資企劃型、訓練企劃型、財務企劃型、資管企劃型、總務企劃型、稽核企劃型、活動企劃型。

職場五力中，企劃力的創新式企劃5大流程，其實就是商業型行銷企劃的深度開展。

⊃ **解決型 vs 企劃型**

解決型：解決問題（關注在問題分析，並提供相應之對策）。

企劃型：創新發想（關注在創新發想，並提供對策及執行）。

關於創新發想，除了這個企劃版型，也可使用領導力中的【創新發想與決策】（第45技之創新法則），讓員工透過自由聯想進行發想和討論。

04 故事法～溝通7版型(3)
數字好不好，跟報告好不好，是兩件事

工具 ▶▶ 報告型

目的 ▶▶ 讓你在報告營業績效時，自信滿滿，就算業績做不好，一樣被稱讚

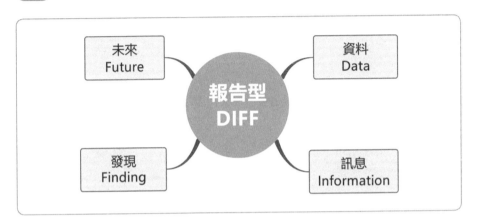

過去在擔任產品經理和主管的時候，做營業績效報告簡直就是家常便飯，但是這個家常便飯可一點都不好吃，幾乎每次都免不了要被責罵，而自從用了【報告型】之後，我開始覺得報告營業績效竟然成了一種享受。

如上圖所示，其大綱為**資料**、**訊息**、**發現**、**未來**。

- **資料**：整個工作績效資料。

  （Data，就是數字Report）

- **訊息**：根據績效報告，看到什麼訊息。

  （Information，就是總結Summary）

- **發現**：對於這樣的訊息，有什麼深度的看法。

  （Finding，就是深度Insight，含負面與正面）

- **未來**：綜合以上，提出未來。

  （Future，就是做法Strategy，跟數字預估Forecast）

案例 ▶▶ 生意做不好，也會被欣賞

　　某一年，我們整個亞洲地區業績一敗塗地，全部的主管都被叫去新加坡當面進行簡報。

　　問各位一個簡單問題：數字不好，簡報頁數應該多，還是要少？

　　我覺得應該要少，免得被炮轟。但是到了現場，我看大家至少都做四十頁以上，而我只簡單做了七頁，心想這下恐怕不好過關了。

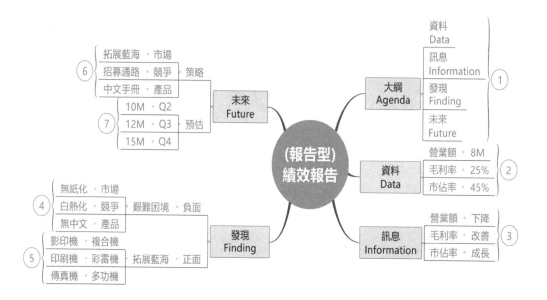

　　如上圖，先使用報告型版型，把心智圖架構出來，並分配好頁數，一般報告型的版型都會搭配簡報呈現，接下來我會用投影片輔佐示範說明：

King：報告老闆，關於今年台灣第一季的績效，我的報告大綱（Agenda）將會分成四個項目，分別是資料（Data，Q1 Performance）、訊息（Information，Q1 Summary）、發現（Finding，Market Challenge and Opportunity）、未來（Future，Key Strategy and Q2 Forecast）。

老闆：OK，繼續！（Go ahead）

▼投影片①

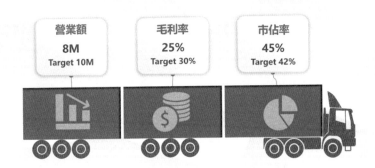

Agenda

01
Data
Q1
Performance

02
Information
Q1
Summary

03
Finding
Market
Challenge
Opportunity

04
Future
Q2
Strategy
Forecast

▼投影片②

01 ◆◆ Data ~ Q1 Performance

營業額	毛利率	市佔率
8M	**25%**	**45%**
Target 10M	Target 30%	Target 42%

King：如您所見，目前第一季的產品線績效如下：

- **資料**（Data）

    ✓ 營業額8M，目標10M。（M指美金百萬）

    ✓ 毛利率25%，目標30%。

    ✓ 市佔率45%，目標42%。

▼投影片③

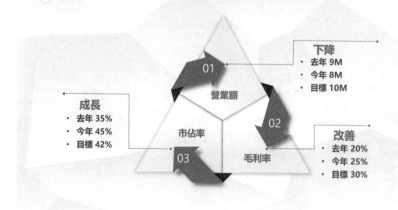

02 ◆◆ Information ~ Q1 Summary

King：根據這個資料，有三個主要訊息：

- **訊息**（Information）

    ✓ 營業額下降，去年9M，今年8M。

    ✓ 毛利率改善，去年20%，今年25%。

    ✓ 市佔率成長，去年35%，今年45%。

老闆：OK，Understand！

（Understand是理解，當老闆說Understand，代表他接受你的敗績了）

King：謝謝老闆的諒解，接下來我就針對整個市場分析，跟您做進一步說明。

- **發現**（Finding）

    績效不好，主因有三：（先說負面的，把他的期望降低）

    ✓ 市場無紙化。

    ✓ 競爭白熱化。

    ✓ 產品無中文。

    但儘管如此，市場仍然有三大機會：

▼投影片④

03 ◆◆ Finding ~ Market Challenge

艱難困境

1. 市場	2.競爭	3.產品
無紙化	白熱化	無中文

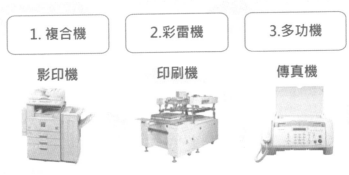

▼投影片⑤

03 ◆◆ Finding ~ Market Opportunity

拓展藍海

1. 複合機	2.彩雷機	3.多功機
影印機	印刷機	傳真機

✓ 以數位複合機取代影印機。

✓ 以彩色雷射印表機取代印刷機。

✓ 以多功能事務機取代傳真機。

老闆：很好，那你打算怎麼做？

King：謝謝老闆的稱讚，有分析當然就會有做法及目標的預估。

- **未來** Future

未來Q2的對策，主要有三個方向：

 ✓ 市場：全力開拓新藍海大市場。

 ✓ 競爭：招募通路加入銷售行列。

 ✓ 產品：附中文手冊，降低英文面板使用不便。

▼投影片⑥

▼投影片⑦

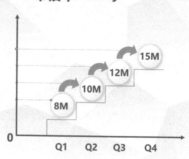

King：基於以上對策，我將一整年營業額做了預估：

      ✓ Q2營業額10M。

      ✓ Q3營業額12M。

      ✓ Q4營業額15M。

不管台灣市場如何萎縮，市佔率就是要永遠第一。

老闆：真是太好了，休息兩小時。（正在納悶為什麼休息那麼久）後面
的國家，請你們用King的格式，統一跟我簡報就可以了。

King老師即戰心法補帖

⊃ 回到心智圖

當天雖然是用簡報方式呈現，但真正的基底，仍然是50頁那一張心智圖，
只要心智圖架構一出來，整份簡報也就跟著出來了。

⊃ 簡報多不多，沒那麼重要；簡報順不順，就很重要了

一場好的營業績效簡報，要的是**清楚的現況**、**真實的分析**、**有效的對策**、
大膽的目標，其他都只會讓主管越聽越煩而已。七頁一樣可以做出一份很
完美的簡報，誰說一定要四十頁呢？

另外一提，台灣的營業績效一直很不穩定，老闆並沒有因為台灣做不好而
怪罪於我，反而給台灣資源，要我們做一些市場測試，再把成功經驗分享
給其他國家。

05 故事法～溝通7版型(4)
銷售是一個改變他人認知的過程

工具 ▶▶ 提案型

目的 ▶▶ 讓你在提案或銷售時，掌握溝通與認知的進展，不再是純聊天

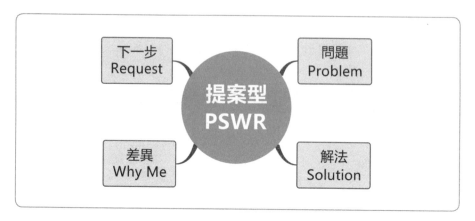

　　這裡的提案，指的是一種推銷（Selling），要對方接受你的想法，或採納你的建議，也可能是一個買賣。如果有過類似推銷的經驗，你會有意識的去引導整個過程嗎？相信大多數人是沒有的，只是談一談，聊聊天，找機會賣東西就是了。但其實銷售是有流程的。

　　如上圖所示，【提案型】的大綱為**問題**、**解法**、**差異**、**下一步**。

- **問題**：傾聽或引導客戶目前所存在的問題，並往下指出可能會引發的後果，藉以放大其痛苦。

　　（一般至少要往下三層，例如：工廠生產慢 → 交貨無法準時 → 被取消訂單）

- **解法**：針對以上問題，提出客觀的解決方案。

　　（此時不要急於推銷自己公司產品，讓客戶產生了戒心）

- **差異**：當客戶接受了客觀的解法，再說明自己的解法跟別人有什麼差異，憑什麼要客戶選擇你。

- **下一步：**順勢提出下一步做法，或是大膽要單。

案例 ▶▶一次擊敗四位對手的經驗

國內某家記憶體大廠，每次舉辦培訓，都要找三位以上的老師來做評比。我在想，既然自己是教銷售流程的，乾脆就當場示範一遍銷售流程，應該會更好……且看以下對話：

客戶：King老師，能否請您說明這次銷售課程的建議。

King：既然這堂課要教的是銷售流程，我就現場示範一下，如何？

客戶：這個想法很好，我們也可以當場感受有沒有被您說服。

King：關於目前貴公司的學員狀況，我分成四個面向跟您說明，分別是問題、解法、差異、下一步。

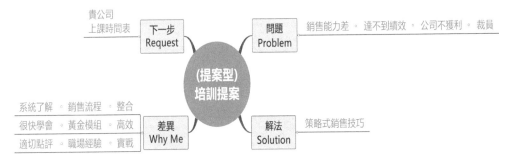

〔**問題**〕如您所說，貴公司人員的銷售能力差，而銷售能力差就達不到好績效，達不到好績效就不會獲利，公司不獲利就可能會裁員，這是多麼可怕的下場，對不？

客戶：您說得沒錯，那老師有什麼建議給我們？

King：〔**解法**〕因為貴公司是以B2B銷售為主，我的建議就是引進策略式銷售技巧。

客戶：請問King老師，您的策略式銷售，跟別人的有什麼差異呢？

King：〔**差異**〕以教B2B策略式銷售而言，市場有很多的套路，King老師的最大差異（優勢）就是具備整合、高效、實戰的能力，以下

簡單做個介紹：

    ✓ 整合銷售流程，讓學員對銷售有系統性的了解。

    ✓ 高效黃金模組，讓學員對銷售可立刻現學現賣。

    ✓ 職場實戰經驗，讓學員對銷售能獲得最佳指導。

客戶：這應該是我們學員要的東西沒錯！

King：〔**下一步**〕請問貴公司這堂課程大概會落在何時？如果需要客製
的話，可能要提前規劃日期才行喔！

客戶：看來就是老師您最適合我們了，我們內部會做個確認，再跟您敲
定時間。

King 老師即戰心法補帖

⊃ 事前好好準備

拜訪客戶前，務必先把流程及說帖寫下來，才能穩定有效的引導流程進行。

⊃ 各個流程重點

問題：就是痛苦，這流程要你**聽**。

解法：就是解藥，這流程要你**說**。

差異：就是仙丹，這流程要你**比**。

下一步：就是服下，這流程要你**推**。

⊃ 倒著想，順著做

先把自己的差異（優勢）想好，然後往前推出解法，之後再往前推出問
題，用結果往前回推劇情，才是最好的做法。

⊃ 提案型 vs 策略式銷售

策略式銷售含三大流程及九大步驟，三大流程分別是親和→引導→成交，
提案型大概落在引導之中，適用於簡易銷售。

06 故事法～溝通7版型(5)
透過學習,翻轉人生

工具 ▶▶ 訓練型

目的 ▶▶ 快速幫你架構教學內容,成為教育訓練高手

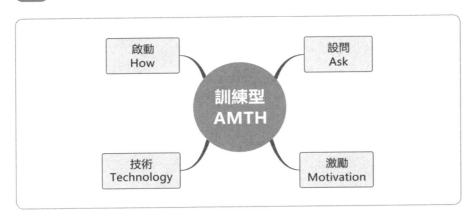

啟動 How ／ 設問 Ask ／ 訓練型 AMTH ／ 技術 Technology ／ 激勵 Motivation

　　身為企業講師,教學備課是一件很惱人的事情,自從我用了【訓練版】版型備課,不僅速度加快許多,也符合運課的程序。

　　如上圖所示,其大綱為**設問、激勵、技術、啟動**。

- **設問:**試著去問學員一些切身性的問題,開啟他們的興趣,並拉近與學員的距離。

  例如→你覺得做簡報,最頭痛的三個問題是什麼?

- **激勵:**告訴學員上完這門課的好處,或是舉一些實際發生的例子,讓他們願意把心思專注在課程上面。

- **技術:**傳承技術是培訓最重要的步驟,而其運課,又可分為理論、案例、實作、點評。

- **啟動:**培訓最容易出現的問題,就是上課感動,下課不動。所以讓學員課後動起來是一件很重要的事,一般是指派作業,但主管必須以身作則,帶頭使用,才有辦法導入工作並產生績效。

案例 ►► King老師職場五力培訓備課

　　一談到備課，每當我感到千頭萬緒，不知從何做起時，就會拿出訓練的版型走一遍，迅速幫自己穩定下來。在此舉個我在做職場五力培訓備課的例子：

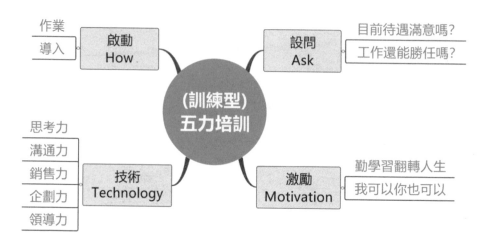

King：〔設問〕請問各位同學，你們對目前待遇滿意嗎？對於你們目前的工作還能勝任嗎？

學員：待遇當然不滿意，也無法勝任工作，每天有做不完的事，開不完的會。

King：〔激勵〕那你們想不想像King老師一樣，存點錢提早退休呢？今天老師就把過去在職場失敗及成功翻轉的學習過程，跟各位分享好不好？我做得到，你們一定也做得到！只要你們好好地把老師的東西放到腦子裡面就可以了。

學員：好唷，非常期待。

King：〔技術〕接下來我們就來好好練習這職場五力的黃金模組。今天介紹的每個模組，老師會先講理論、案例，接下來要各位實作，然後大家一起來點評。這樣好嗎？

（結束一天的辛苦課程後）

King：〔**啟動**〕謝謝大家今天的參與，課後有個小小作業請各位配合，將來希望各位能順利導入工作，創造績效！

King 老師即戰心法補帖

培訓當下有三個重點：讓他願意、讓他參與、讓他專注。

⊃ **讓他願意**

要讓學員乖乖聽你上課，就要在激勵這一環做足工夫，尤其是以自己或周遭的人當例子，效果更好。

⊃ **讓他參與**

在教授技術這個流程中，會需要用到運課技巧，而運課技巧分為理論、案例、實作、點評四個步驟，每個步驟又各有其對應招式：

(1)理論：課堂講授法、視聽教學法。

(2)案例：個案分析法。

(3)實作：自我練習法、夥伴對練法、小組討論法、角色扮演法、教具演練法、體驗實境法、遊戲學習法、競賽刺激法。

(4)點評：關鍵回饋法。

步驟	招式	優點	挑戰
理論	課堂講授法	架構清楚，時間易控。	內容枯燥，缺乏互動。
	視聽教學法	啟動感官，吸收較強。	影片內容，需要尋找。
案例	個案分析法	實務鮮活，容易理解。	個案選取，主題連結。
實作	自我練習法	簡單啟動，人人練習。	缺乏交流，無法全顧。
	夥伴對練法	兩兩對練，彼此協助。	關係陌生，產生尷尬。
	小組討論法	增進交流，氣氛活絡。	操作耗時，有人打混。
	角色扮演法	角色模擬，感受度強。	表演困難，不易控制。
	教具演練法	具象操作，控制流程。	開發教具，技術要高。
	體驗實境法	實務體驗，真實度高。	實境不易，限制較多。
	遊戲學習法	寓教於樂，趣味性高。	容易發散，收心不易。
	競賽刺激法	輸贏比賽，刺激學習。	帶來壓力，易得反感。
點評	關鍵回饋法	學習驗收，促進內化。	實務經驗，必須豐富。

▲運課 12 招

我將整個運課技巧整理成【運課12招】，並把其優點跟挑戰做成一張簡表，提供各位參考。

其中最值得探討的，就是實作那8招。這是運課最需要Know-how的部分，要視學員（人）、課程（事）、時間（時）、場地（地）、教具（物），選擇當下最好的實作方式。

所有的運課技巧，都是為了讓學員更加專注，有效吸收。當你看到有些企業或對象，在進行靜態學習時，他們專注的聽講、做筆記，或甚至當場在背誦，此時只要給予正面相關的操作即可，例如：「*給各位3分鐘，誰能背下這流程，老師當場送他一本書。*」之類的。千萬不要叫他們站起來大聲呼喊隊呼，或強迫進行一些無聊的計分比賽，那樣反而容易帶來反效果。總之，就是要靈活操作，不要流於匠氣。

⊃ **讓他專注**

一般來說，人的專注力頂多30分鐘，該如何持續吸引學員注意呢？方法就是～**保持換檔**，以下分別說明：

問答轉換：〔問〕丟出問題，引發好奇；〔答〕開始動腦，自身相關。

收放轉換：〔收〕講師端～理論／案例；〔放〕學員端～實作／分享／休息。

左右轉換：〔左腦〕理性，說邏輯；〔右腦〕感性，說故事。

培訓效果可運用**柯氏四級培訓評估模式**：滿意評估、學習評估、行為評估、成果評估。

⊃ **滿意評估**

受訓人員對培訓項目的印象如何，包括對講師和培訓科目、設施、方法、內容、個人收穫多寡等方面的看法。

做法：在培訓結束時，透過問卷調查收集受訓人員對於培訓項目的效果和有用性的反應，評估內容含講師的個人風格、培訓內容、符合期待、運課方式、場地設備……等等，以做為將來改進的參考。通常要獲得高滿意度

並不難，筆者有過多次滿百的紀錄。

⊃ 學習評估

測量受訓人員對原理、技術等培訓內容的理解和掌握程度。

做法：可採用筆試、實地操作和工作模擬等方法來考查。每個企業對這部分有不同看法，要看人資願不願意啟動這個測驗，有時受訓人員不太願意接受檢驗，一般我會用總回顧問答有獎的方式取代。

⊃ 行為評估

培訓結束後，在一段時間內，由受訓人員的上級、同事、下屬或者客戶，觀察他們的行為在培訓前後是否發生變化，以及是否在工作中運用了培訓中學到的技術。

做法：要求受訓人員繳回課後作業，並由講師或主管給予回饋，或對其相關人員進行訪談。一般我會提供相關版型和模組，以利課後作業練習及企業導入，甚至啟動回訓做企業導入協助，但這部分關係到企業主管們的決心，很多企業說培訓沒有用，其實關鍵大都是沒有導入培訓技術。

⊃ 成果評估

判斷培訓是否能給企業的經營成果帶來具體而直接的貢獻，例如：營業績效提升、客戶滿意度、員工離職率、生產品良率。

做法：如前述，行為評估須由導入來運作，而績效評估便須由追蹤來運作。經由一段時間的導入運用後，受訓人員或主管必須去追蹤是否有展現成果，這部分就是培訓的最高境界了，須由企業主管、人資、講師一起來關心與合作，才有辦法達到。

07 故事法～溝通 7 版型(6)

People don't buy what you do it , they buy why you do it !

工具 ▶▶ 價值型

目的 ▶▶ 讓你找到事物真正的本質與價值

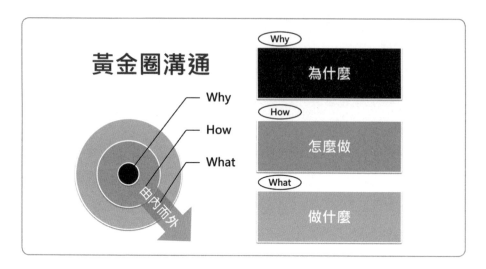

　　在TED Talks有一段非常經典的演講影片〈偉大的領袖如何鼓動行為〉，主講人賽門・西奈克（Simon Sinek）身兼作家與激勵演說家雙重身分，他在影片中提到他非常有名的黃金圈（Golden circle）法則，告訴我們具啟發性的領導力都以一個問「為什麼」的黃金圈開始。而【價值型】的溝通版型，所使用的就是西奈克的黃金圈。

　　如上圖所示，黃金圈溝通，由內而外，共有三層：

一、Why 為什麼？

　　指的並非賺錢，那是結果。它是一個目的、使命和信念，例如公司為什麼存在？你每天為什麼起床？別人為什麼要在意你們的商品？只有少數公司能清楚闡明這點，然而真正吸引大家購買的理由，不是一家企業做什麼或怎麼做，而是「為什麼」而做。

二、How 怎麼做？

有些公司知道怎麼做好自己的工作，諸如專業流程、獨特賣點，大家通常用「怎麼做」來解釋為何自家產品或服務不同或優於其他事物。

三、What 做什麼？

無論規模大小或身處哪個行業，世界上任何組織都知道自己是做什麼的，每個人都能說明公司提供什麼商品，或自己在組織內負責什麼工作。換言之，定義「做什麼」非常容易。

案例 ▶▶ 為什麼蘋果公司（Apple）會這麼成功？

以蘋果公司為例，除了因知名度高、產品在各地受到歡迎，更重要的是，蘋果正是說明「黃金圈」法則的最佳範例。如果蘋果跟多數企業一樣，他們的行銷訴求應該就只會關注在 What 的層級，溝通模式會是這樣的：

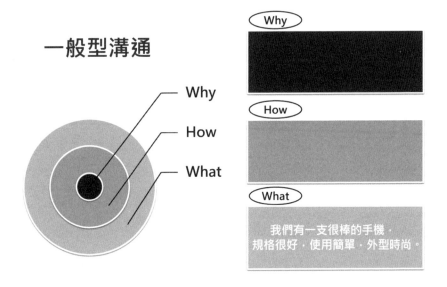

What：我們有一支很棒的手機，規格很好，使用簡單，外型時尚，想要
　　　買一支嗎？

但蘋果就是不一樣，那些能激勵人自發採取行動的領導者，無論組織規模大小、行業為何，每個人的思維、行為及溝通模式，都是**由內向外**。讓我們再看一次，蘋果的溝通模式會是這樣的：

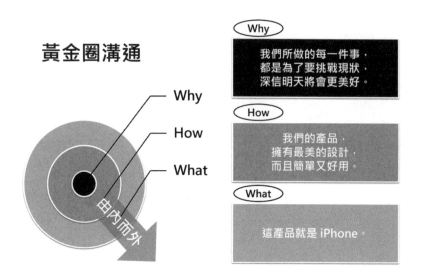

Why：我們所做的每一件事，都是為了要挑戰現狀，深信明天將會更美好。

How：基於這樣的價值，我們的產品擁有最美的設計，而且簡單又好用。

What：這就是我們的iPhone，一支最棒的手機，想要買一支嗎？

　　這個例子證明，吸引大家購買的，不是你「做什麼」，而是你「為什麼做」。

King 老師即戰心法補帖

在拜訪客戶之前，務必先把黃金圈說帖寫下來，才能穩定有效的引導流程。
另外，有個跟生活有關的黃金圈小故事要跟大家分享：
我很喜歡凡賽斯（Versace）這個義大利服飾品牌，原因就是我對它的品牌故事深深著迷。創辦人吉安尼‧凡賽斯（Gianni Versace）對古文明一直非

常嚮往，因此用蛇魔女梅杜莎（Medusa）做為精神象徵，代表著致命的吸引力，傳說只要看她一眼，就會被石化。

早年我在職場打拚的時候，因為生活艱苦，甚至帶著一點自卑，每次只要繫上凡賽斯的腰帶，就會感受到一股神奇的自信與魔力，所以我成了凡賽斯忠誠的品牌粉絲（Versace Fans），舉凡帽子、眼鏡、領帶、衣服、腰帶、褲子、鞋子、碟盤、茶壺、抱枕……，我都有買。

由於我認同凡賽斯的Why價值，所以這品牌不管推出什麼產品，我通通都會買單，這跟果粉（Apple Fans）是一樣的道理。

當你把追求Why變成一種生活習慣時，你的生命就會因此改觀！

08 故事法～溝通7版型(7)
正念就會出現奇蹟

工具 ▶▶ 激勵型

目的 ▶▶ 讓你擁有改變他人信念的能力

　　每次去培訓，我都會做一個調查：「有誰是一大早吹著口哨，帶著快樂的心情來上班的？」幾乎從來沒有人舉過手。所以如何在百忙之中，激勵自己奮發向上，是非常重要的一種高心流。

　　如上圖所示，【激勵型】大綱為**震撼**、**失敗**、**奇蹟**、**鼓舞**，一般用在團隊激勵或大型演講，是屬於一種催眠式的激勵演說。

- **震撼：**一開始就拋出很令人震撼的一件事或一句話，藉以迅速讓群眾聚焦。
- **失敗：**把自己過去的失敗經驗，說得很慘烈、很悲情，目的是為了要做下一步奇蹟的高反差。
- **奇蹟：**把自己現在的成功歷程，說得很燦爛、很偉大，告訴聽眾「我可以，你們一定也可以」。
- **鼓舞：**講完奇蹟這段，當聽眾正嗨的時候，順勢做下一步的鼓舞推動。一般是要求聽眾改變行為或給予訂單。所以當你遇到

許久不見的好友，忽然很熱情的來找你，請你跟他一起共創偉大事業，很可能就是他剛聽完一場催眠式的激勵演說，正熱中於啟動行為的改變。

案例 ▶▶所謂的演說天王

我對超級演說一直保有很高度的好奇。真假不重要，重點是看別人如何營造氣氛，改變他人的正面信念，甚至改變他人的行為，或是願意花大筆錢參加培訓。所以，接下來為大家破解一個自稱亞洲天王的激勵演說流程，相信看完後，每個人都可以成為激勵演說天王！

場景就在上海一個可容納五萬人的巨蛋，站在台上的是一位金光閃閃、極有自信的演說者：

天王：〔震撼〕你……難道要讓別人偷走你的夢想嗎？在座有夢想的人，舉手讓我看一下好嗎？

（現場聽眾全部舉手）

天王：很好，請跟你自己確認，大聲說「Yes！」

〔失敗〕各位也許不知道，我高中念了五年，擺過地攤、躲過警察、做過快遞、送過披薩……我曾經自殺過兩次，還問父母為什麼要生下我？（這時要搭配很悲情的音樂）

（許多聽眾眼眶泛淚，現場充滿悲情氛圍）

天王：〔**奇蹟**〕我在想，我這麼沒有用的人，如果能在台北每月領個四萬元，貸款買間套房，娶個老婆，生個小孩，就這樣安安穩穩過一生就好了，沒有名車，沒有大房，也不用去旅遊，最好也不要生病。中國我連來都沒來過，怎麼可能有一天會在上海發展，更別說是辦一場大型演說，這簡直是癡心妄想！但是我做到了，我現在就站在各位面前，誓言未來要幫一億個中國人重建信心，獲得成功的人生！

（台下聽眾拚命鼓掌叫好）

天王：〔**鼓舞**〕現在，在座的各位，想成功的人舉手讓我看一下。舉起右手，跟自己確認說「Yes！」就在今天，我們原本50萬的課程只要20萬就給了，但名額有限，只開放給現場60個想要成功的人。如果你想成功，我數到3，請馬上衝到舞台上，下一位成功的人就是你！（這時要搭配很震撼鼓舞的音樂）

（聽眾爭先恐後，真的有很多人衝上舞台……）

King 老師即戰心法補帖

激勵演說者需要具備兩個條件：

⊃ 高度自信

坊間很多心靈式培訓課程，大都是使用這樣的招生模式。至於這類課程有沒有效果，筆者很難下定論，但如果有人因此增加正念，或甚至獲得成功，那就是有用。重點是演說者需要有很高的自信。

⊃ 感情投入

這個激勵版型之所以會說服人，就是加入了感人的故事，而故事來源可以是自己、別人、歷史、名人、時事、電影，重點是要不停的練習，而且演說時感情要很投入。

09 故事法～溝通混合型
7式組合，幻化無窮

工具 ▶▶混合型

目的 ▶▶整合版型產生更大的應用與威力

溝通7版型各有各的使用時機，但其實又環環相扣，就像《笑傲江湖》中，風清揚傳授令狐沖的獨孤九劍，到最後往往是多式合一，不會是一式單獨存在。

如何混合溝通版型及運用

以下舉例四種版型混合情況，讀者可看著我的「劍法」，自己再細細體會箇中變化：

一、計劃混合型（解決型＋企劃型）

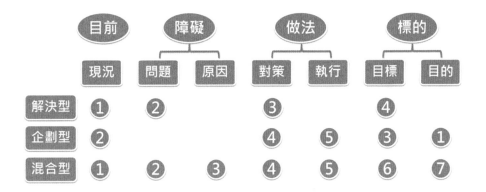

回到最原始，我們在做一個商業計劃時，總共有七個錨點（**現況、問題、原因、對策、執行、目標、目的**）可參考使用，而解決型與企劃型，便是從這七個錨點抽取組合而成。讀者亦可自行取用與排列組合。也就是說，關於商業計劃，共計有七個階層（5,040種）變化型可以使用。當然常用的還是某幾種。

〔案例〕**續 · 買一個夢想的家**

如果是七個錨點全上，以40頁解決型大綱說明的舉例延伸，心智圖示範版型案例如下：

二、報告混合型（報告型＋解決型）

以報告型為故事線，解決型輔佐。

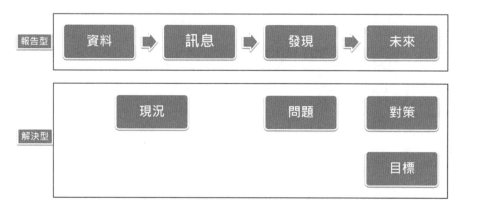

某種程度，在做績效報告時，若這次報告是屬於有問題要解決，其實它的內涵可以算是解決型，只是呈現方式用報告型而已。

〔案例〕**續 · 生意做不好，也會被欣賞**

以50頁報告型版型案例延伸，心智圖示範版型案例如右頁上圖：

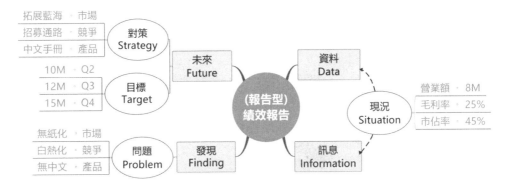

三、提案混合型（提案型＋解決型）

以提案型為故事線，解決型輔佐。

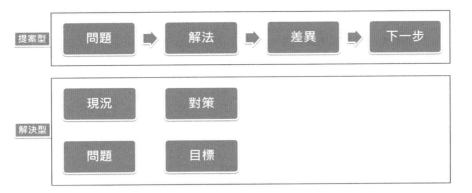

做銷售提案時，也可用解決型說出客戶的現況、問題、對策、目標。

〔案例〕**續·一次擊敗四位對手的經驗**

以57頁提案型版型案例延伸，心智圖示範版型案例如下：

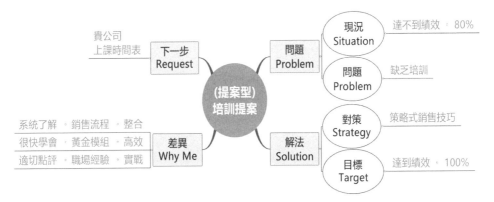

四、訓練混合型（訓練型＋激勵型）

以訓練型為故事線，激勵型輔佐。

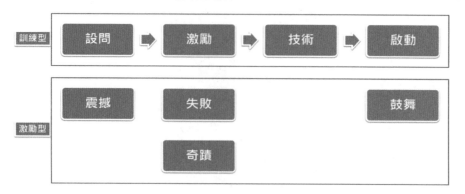

這也是King老師在做培訓課程時，常用的混合版型，因為培訓就是要學員被激勵，進而產生改變的行動。

〔案例〕**續・King老師職場五力培訓備課**⋯⋯⋯⋯⋯⋯⋯⋯⋯

以60頁訓練型版型案例延伸，心智圖示範版型案例如下：

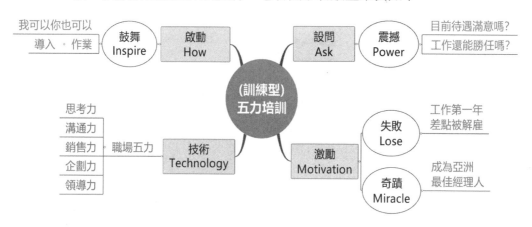

*King*老師即戰心法補帖

關於錨點混合式有兩個重要觀點：

⊃ **學習觀點**

引用介紹本書特色時所提到的學習過程：**守、破、離**，如果應用在混合式

版型……

守：熟悉既有之溝通7版型。

破：開始練習混合式，並應用在自己所屬的行業與角色。

離：自成一體，建立個人風格，產生出自己的版型。

以上過程就像學游泳一樣，當你四式都學會，還愁混合四式不會嗎？

⊃ **擴充觀點**

再進一步延伸，把溝通7版型的相關錨點全部攤開：現況、問題、原因、對策、執行、目標、目的、資料、訊息、發現、未來、解法、差異、下一步、設問、激勵、技術、啟動、震撼、失敗、奇蹟、鼓舞，共計有22個錨點。當然你也可自行加入其他錨點。

如果把這22個錨點拿來排列組合說故事，就會有22個階層的呈現方式，這個數字會很巨大，就像鋼琴88鍵，卻可旋律無限，說故事公式化真是妙用無窮啊！

⑩ 設計法
一個好的故事，也要有好的畫面

工具 ▶▶ 編排 4 原則

目的 ▶▶ 讓簡報簡單易懂，讓聽眾高效吸收

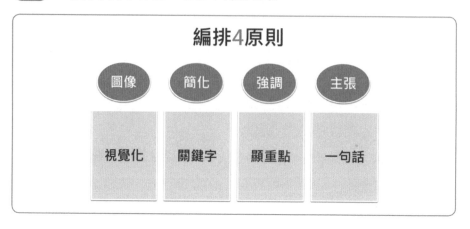

一部好的電影，除了要有感人的故事（前述之溝通 7 版型），也需要有好的畫面呈現，這好的畫面，便是所謂的簡報設計。經過調查，簡報設計之所以做得不好，原因可歸納為下列四點：

1. 缺乏具象引導～沒有圖像 → **圖像原則**
2. 資訊太過複雜～沒有簡化 → **簡化原則**
3. 內容無法聚焦～沒有重點 → **強調原則**
4. 主題傳達不清～沒有主張 → **主張原則**

而簡報做不好的最佳解方就是【編排 4 原則】。設計簡報時，一定要牢牢記住這四個原則！

一、圖像原則：視覺化
相較於純文字，圖像視覺化更有助於聽眾吸收與理解。

二、簡化原則：關鍵字
如果你有好好學習第一章的心智圖法，簡化能力早已內化，就是抓

取關鍵字的能力而已。

三、強調原則：顯重點

如果投影片中的一個畫面，有你最想要強調的地方，就把它突顯出來。可用不同顏色、大小去標示，或以圈選的方式呈現，就是要讓它突顯就對了。

四、主張原則：一句話

如果給你一句話形容這一頁投影片，那句話就是這一頁的主張，可放在標題，也可以放在畫面最明顯的地方。

案例 ▶▶資訊業～上半年績效說明

有個科技業主管，常常要面臨績效報告，每次做績效報告都是他最痛苦的時候。聽他的描述，我想他的簡報一定是出了什麼問題，就請他把簡報傳給我看。

下面這張投影片就是他的原始簡報，全部都是文字和數字，說白了，就只是一張大字報而已。

上半年績效

	一月	二月	三月	四月	五月	六月
營業額	100	130	70	110	160	110
市佔率	50%	55%	35%	48%	70%	50%

說明

- 市場成長率平均<3%。
- 三月工廠嚴重缺貨，導致數字不好。
- 五月贏了一個縣政府案子，交貨500台。
- 對手最近動作頻繁，採取優惠價格或促銷活動。

於是我用編排4原則一步一步教他如何進化，示範如下：

〔步驟❶〕加入圖像 ....

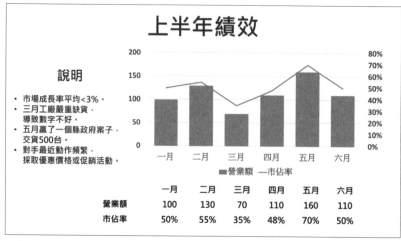

➲ 待改進之處：

　1. 底下的數字可刪去。2. 兩邊的軸線數字可刪去。3. 說明可以再簡化。

〔步驟❷〕簡化數字資訊及說明文字 ....

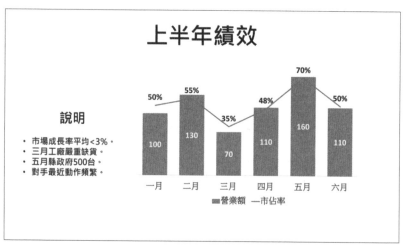

➲ 待改進之處：

　1. 可將說明融入圖像，做一個結合式的強調。

〔步驟❸〕**進一步簡化資訊，強調重點結合圖像突顯** ·····················

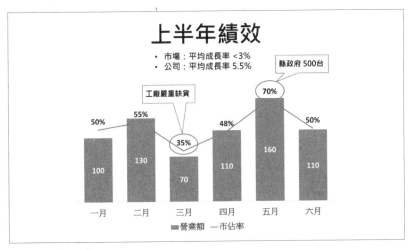

⊃ **待改進之處：**

　　1. 可用一句話提出主張，簡潔有力的傳達這張簡報在講什麼。

〔步驟❹〕**在標題旁邊加入一句主張（Assertion）** ·····················

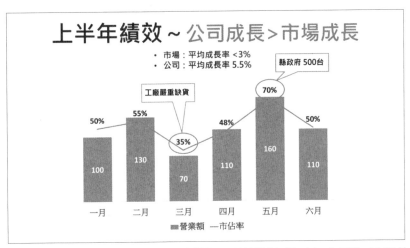

　　這位科技業主管看到融合編排4原則的簡報（如上圖）呈現的效果後，直呼：「簡報怎麼那麼簡單！」是啊，就這麼簡單！

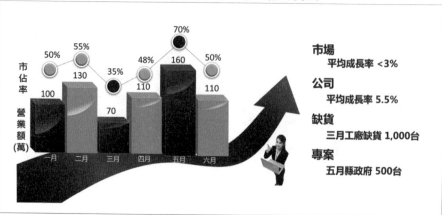

後來我又跟他說，這張簡報可以再進化，如果套用免費的模板[1]，它會變得更漂亮。上圖就是套用模板後呈現出來的效果。他看到簡報又有神奇的變化，一臉感激的對我說：「King 老師，實在太感謝你了！真後悔太慢認識你，讓我苦了那麼久。」

圖像原則的延伸：圖解及圖表

圖像分為：1.圖解；2.圖表；3.圖片；4.圖示。現在網路上有很多資源開放提供運用，圖片及圖示可搜尋相關網站[2]獲取。

---

[1] 優品PPT（http://www.ypppt.com/）：這個免費下載平台，提供PPT模板、背景、圖表、字體等豐富素材，不論用在商業提案、旅遊規劃、課程設計、履歷表都相當合適。

[2] FlatIcon（https://www.flaticon.com/）：這是一個很不錯的圖示素材下載網站，提供超過26,000套圖示主題包，大多數icon向量圖都可以免費下載，設計風格簡約，不但可線上預覽，還能將所有喜愛的圖示儲存為清單。

以下針對圖解及圖表做進一步說明：

一、圖解

圖解首推微軟的SmartArt，雖然有些專家不以為然，認為SmartArt太過普通，但筆者認為快速、簡單才是簡報之要。

其圖解分為三種類型：**結構、變化、關係**。

結構	變化	關係
• 清單圖 　分類/並列 • 樹狀圖 　分析/組織	• 流程圖 　順序/過程/ 　發展/變遷 • 循環圖 　循環	• 關聯圖 　交互/收縮/ 　擴散/重疊/包含 • 象限圖 　定位/策略 • 金字塔圖 　層級

➤ 結構 — 清單圖 & 樹狀圖

• **清單圖**→分類／並列

清單就是簡單的分類，只有階層關係，沒有先後順序，某種程度上，它也是一種心智圖的變形。

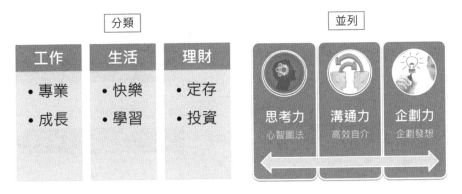

- **樹狀圖**→分析／組織

   樹狀圖（又稱階層圖）用於原因分析與組織架構。在執行原因分析時，能有系統的拆解問題，精簡焦點資訊，利於探索問題本質；另一方面，它可以用來呈現一個組織的階層及功能角色。

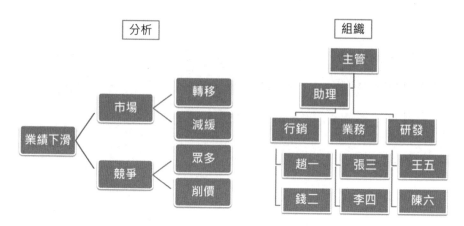

➤ **變化 ─ 流程圖＆循環圖**

- **流程圖**→順序／過程／發展／變遷

   流程圖是表現時間變化與過程的一種圖形，透過箭號和圖框，將時間與過程的進展視覺化，用以表示前後的因果關係。

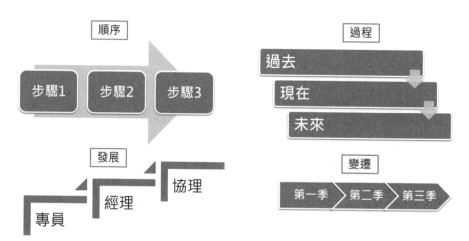

- **循環圖 → 循環**

  循環圖是流程圖的變形，但有別於流程圖，它沒有終點，是一種無限循環，逐步改善的概念。

➤ **關係 — 關聯圖、象限圖、金字塔圖**

- **關聯圖 → 交互／收縮／擴散／重疊／包含**

  關聯圖分為五種：「交互」是彼此的影響關係；「收縮」是由外往內事件指向；「擴散」是由內往外事件指向；「重疊」就是彼此有局部重複關係；若重複到產生包含關係，就是「包含」。

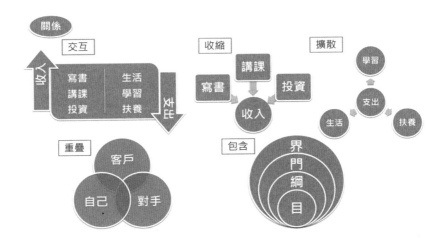

- **象限圖 →** 定位／策略

  象限圖（又稱矩陣圖）在做分項策略時非常好用，舉凡波士頓矩陣（BCG）、安索夫（ANSOFF）矩陣、SWOT現況分析、時間管理……等等，是一種很有用的收斂工具。

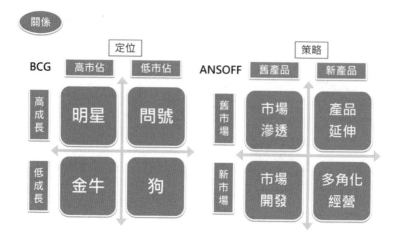

- **金字塔圖 →** 層級

  金字塔圖是另一種形式的階層圖，用來表達階層，上下或高低關係，同時也呈現出數量多寡。由下往上，層層收斂，數量越少；由上往下，層層擴散，數量越多。

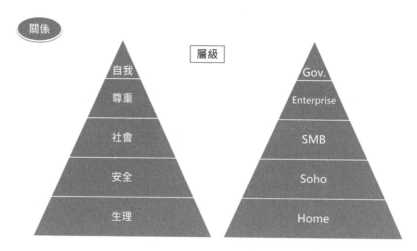

二、圖表

圖表是簡報中常用的圖像，尤其是跟數字相關的報告，其中經常會用到表格圖、直條圖、折線圖、圓餅圖。

生意	1月	2月	3月
進貨	100	80	90
出貨	90	110	100

表格圖 / 總覽

直條圖 / 數量

折線圖 / 趨勢

圓餅圖 / 比例

- **表格圖** → 總覽

  表格本身是一種圖，當你還在傷腦筋用什麼數據圖時，有時表格圖就是個最簡單、最有效的圖表。

- **直條圖** → 數量

  不管是直的還是橫的，最主要是要顯示數量的大小。

- **折線圖** → 趨勢

  折線圖很適合用來表現一段時間內的數字和趨勢變化，在描述企業成長、衰退、穩定或波動時，折線圖的使用率極高。

- **圓餅圖** → 比例

  圓形最能給人整體及分量的感覺，如果是需要描述每一個分項佔整體的分量及比例，圓餅圖就再適合不過了。例如上圖右下每月份的大小及比例。

簡報設計的延伸：簡報4呈現

前面故事法【溝通7版型】，談的是有關整個簡報的故事主線；而設計法【編排4原則】，則關係到每頁簡報的視覺呈現效果。那麼，一張心智圖的故事主線要如何快速製作成整份簡報呢？下面介紹簡報四種等級呈現方式：（請參考右頁示意圖）

一、架構式

主要技術：**心智圖法**。

用於簡報規劃階段。將整個故事架構畫成一張心智圖，然後把簡報頁數分好，之後再逐步完成每一頁即可。

二、川流式

主要技術：**文字方塊**。

把簡報用快速的訊息川流呈現。

三、編排式

主要技術：**SmartArt**。

把簡報用SmartArt做快速的編排呈現。

四、美化式

主要技術：**模板套用**。

把簡報套用下載的模板做成精美的編排呈現。

以上四式都可以拿來做簡報，稱為【簡報4呈現】。基本上，以心智圖做成架構式的機會很小，它主要是拿來規劃簡報用的。那另外三式要怎麼選擇呢？我的建議是視狀況選用：

- **川流式**→準備時間短，用於需要馬上完成一份簡報時。
- **編排式**→除了SmartArt之外，也可以用文字、圖框、箭頭來編排。這是我最推薦的方式。
- **美化式**→用於對媒體或是很重要的客戶簡報時。

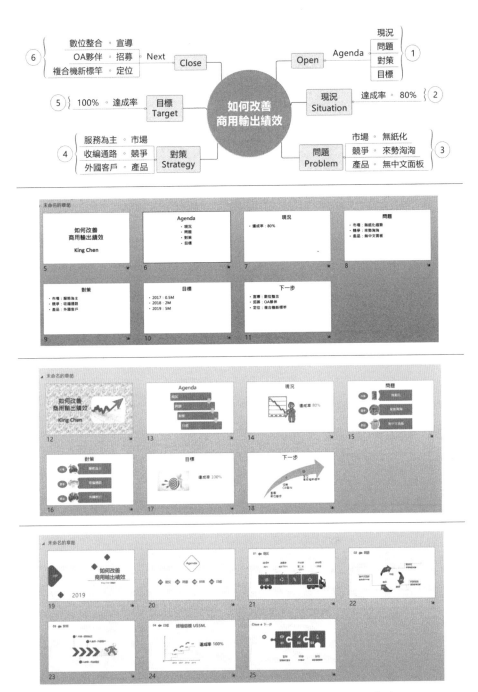

▲範例縮圖示意（由上而下）：架構式、川流式、編排式、美化式

King 老師即戰心法補帖

⊃ 當建築師，不當裝潢師

簡報目的就是為了說服聽眾，而說服聽眾的決勝關鍵在於**故事邏輯**，並不在版面設計。

當然，美麗的編排容易得到吸睛效果，但這要看準備的時間需要多少，以及要用在什麼樣的場合。

如果是對內報告的話，筆者不太建議過於花稍的簡報編排，因為有些主管反而會覺得你花太多時間在弄不重要的東西；如果是對外簡報，就可以花點心思在設計上面。

但各位也不用花很多時間去學美美的簡報設計，因為網路上面已經有很多的模板可以下載。

請千萬記住：**我們是建築師，不是裝潢師。**

11 表達法
能創造感覺的人，將無所不能

工具 ▶▶ 感動3部曲

目的 ▶▶ 讓你的表達變得有魅力

感動3部曲

V 視覺	A 聽覺	K 感覺
眼神 儀態 自信	全音 正音 噴口	同理 換位 感情

　　一部好的電影，縱然有很感人的故事（溝通7版型），也有很好的視覺畫面（編排4原則），但若少了好演員，這部片也不會賣座。所以——**人，才是簡報真正的主角，而那個人就是你！**

　　關於「表達力」，有人說是微笑、熱情、傾聽、同理、關心、肯定、認同、讚美、提問、說明；還有人說是形象、穿著、禮儀……等等，這些都是常聽聞的基本功夫，相信大家也都聽過不少。在此我想提出一套更簡單有效的表達技術，那就是NLP（Neuro-Linguistic Programming，神經語言程式學）在溝通表達的應用。

　　通常在溝通表達的過程中，我們跟聽眾之間，就是透過**視覺**（**Visual**）、**聽覺**（**Auditory**）、**感覺**（**Kinesthetic**）來做表達，所以關注這三個感官，也等於掌握了聽眾，我們稱之為【感動3部曲】。

　　那麼在表達時，可以使用哪些技巧，在視覺、聽覺、感覺上去做強化，使我們的溝通表達更有魅力？以下就逐一介紹：

一、視覺（V）：眼神、儀態、自信

- **眼神：**首重**專注、交流**。

  專注指的是眼神要堅定，不要飄來飄去或不停眨眼。而交流便是正視聽眾的眼睛，尤其當你某段話是在對某一個人講話時，記得要看著他的眼睛。初期可能會覺得不自在，但習慣之後，便會發揮很強的眼神穿透力。

- **儀態：**原則上就是**自然、放開**。

  只要肢體很自然的放開（參考下圖），就會產生講話的力量。

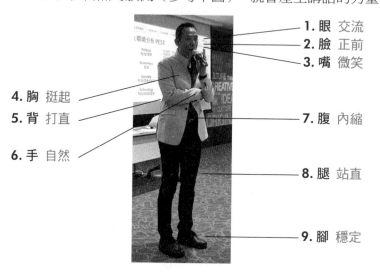

1. 眼 交流
2. 臉 正前
3. 嘴 微笑
4. 胸 挺起
5. 背 打直
6. 手 自然
7. 腹 內縮
8. 腿 站直
9. 腳 穩定

- **自信：**自信的基本功，當然是要對演講內容做好充足的準備。另外，最重要的就是**做回你自己，相信你自己**。

二、聽覺（A）：全音、正音、噴口

- **全音：**就是**不吃字**。

  舉例來說：（吃字）「妳照嗎，有歡，我真的很酸妳，外妳⋯⋯」
  （不吃字）「妳知道嗎，有時候，我真的很喜歡妳，我愛妳⋯⋯」
  其實吃字是很多人共同的缺點，我也是個很容易吃字的人，最好的方法就是講慢一點，一字字都經過大腦。

- **正音：就是發音準。**

  還記得以前有位廣播情人李季準先生嗎？我記得高中時，在那個沒有手機、電腦、電視的年代，每晚都要聽完他主持的〈感性時間〉才有辦法入睡。因為他的正音咬字，再加上他的獨特低嗓，簡直迷人至極。筆者自己也有台灣國語的問題，但有幾個咬字，我一定死守住。遇到字詞發音有ㄈㄏㄓㄔㄕㄖㄗㄘㄙ，千萬不要念錯，否則無論外表多麼玉樹臨風，也會馬上變成輕浮台客。

- **噴口：就是加重音。**

  將每段話第一個字，或是重要對話第一個字的音量放大。這是我在練習演說中最大收獲。

三、感覺（K）：同理、換位、感情

- **同理：就是做同步。**

  在用詞上做到同步，聽眾很自然地就會接受你所講的話，因為相信你，就等於相信他自己。多用主詞（我們）、形容詞（一樣）、動詞（了解）。例如：「我們都有一樣的情形，我很了解各位的感受……」

- **換位：就是換立場。**

  站在對方角度說話，最常聽到用詞就是「如果我是你」。例如：
  「陳老闆，我認為你一定要買這部車！」
  「陳老闆，如果我是你，一定毫不考慮的買下這部車。我一想到回到辦公室，那些人羨慕你的表情，就超開心，超有面子！」
  以上兩種說法，當然是第二種溝通方式較為強大。

- **感情：就是要投入。**

  感情投入是做好一件事情的基本要素，還記得電影〈海角七號〉裡面的一句台詞嗎？──「用感情來打鼓。」任何事只要投入感情，就會感染別人。

我有個NLP課程的同學，從事幫人看室內風水及安床的工作，
有一次她幫客人訂好一張床，不小心被門市業務賣掉了，接到
店員的電話通知：

店員：不好意思，陳小姐，妳所訂的床，貨已經到了，但我們
　　　昨天不小心把它賣掉了。

同學：那該怎麼辦，倉庫還有嗎？

店員：沒有了喔，抱歉！

同學：那緊急調一組新的要多久？

店員：大概要七天。

同學：不要開玩笑了，我們安床是有看日子的。

店員：真的沒辦法，緊急下單就是要七天喔⋯⋯

同學：豈有此理，那叫你們店長聽一下。

店長：陳小姐您好，我是店長，我姓王。

同學：你們門市的服務也太糟糕了吧！

店長：陳小姐，我知道您安床有看日子，我們感到非常難過，
　　　其實我們昨天一整天都在到處調貨⋯⋯這樣吧，我們
　　　趕快做緊急下單，調一組全新的給您，大概需要五到七
　　　天，我們會盡量幫您催一下，只要貨一到，就馬上通知
　　　您，我們真的很抱歉⋯⋯希望能得到您的諒解。

以上就是店員跟店長的差別。為什麼有人永遠都只是店員，因
為他捨不得對客戶付出「感情」。

案例 ▶▶ 嬌柔女主管，表達也可以鏗鏘有力

　　我有一位學生，是個女主管，講話很是溫柔，雖然讓人聽起來很
舒服，但卻無法達到威勢的傳播。後來我建議她多練習運用感動3部曲
這項技術，表達時眼神轉為銳利，說到重要處使用噴口，並輔以一些同

理、換位的用詞，情況一定會大為改變。

　　之後我問她測試結果如何？她說自從改變以後，員工開始敬畏她，工作執行也較為落實。同樣的一段話，只是表達方式改變，竟得到如此驚人的效果，顯示NLP溝通表達功效之強大。

King老師即戰心法補帖

NLP這門心理操作技術，我已經研習了一段時間，並且進一步接觸與其相關的催眠課程。

這門技術應用很廣泛，可用於溝通表達、一致親和、語言引導、認知強化、信念重建、目標設定、觸發行動、戒除舊習、創傷治療、關係修補、生命價值……等等，而為方便讀者延伸參考應用，我將NLP技術與本書相關部分，做了一個架構性的呈現與連結，但不做細部深究與討論，以免偏離主題方向。

⊃ 溝通表達

目的：連結他人感官，進而達到說服。

技術：視覺／聽覺／感覺之感知連結。

應用：溝通力之【感動3部曲】。

⊃ 一致親和

目的：同步他人，營造親和感。

技術：視覺／聽覺／感覺之親和同步。

應用：銷售力之【親和3感官】。

⊃ 語言引導

目的：運用語言省略／扭曲／一般化之正反使用，引導他人意念。

技術：後設模式／比喻模式／催眠模式。

應用：銷售力之【探詢6要素】（後設模式之反省略語法運用）及【催眠9式】（比喻模式／催眠模式之省略及一般化運用）。

⊃ **認知強化**

目的：啟動自己／他人的行為。

技術：心錨法／次感元。

應用：銷售力之【競爭5策略】及【成交18招】（次感元之逃避痛苦運用）。

⊃ **信念重建**

目的：改變自己／他人信念。

技術：醒覺法／因果法／身心法／層次法／模仿法／結合法／抽離法／換框法。

應用：領導力之【激勵9式】的念力（醒覺法／換框法之運用）。

⊃ **目標設定與觸發行動**

目的：激勵自己／他人達成目標。

技術：時間線／目標心像聚焦。

應用：領導力之【夢想板】與【圓夢計劃】。

12 溝通整合～故事式溝通3S法則
照著流程走，你就變高手

案例 ▶▶ King老師應某私立大學邀請對500人激勵演講

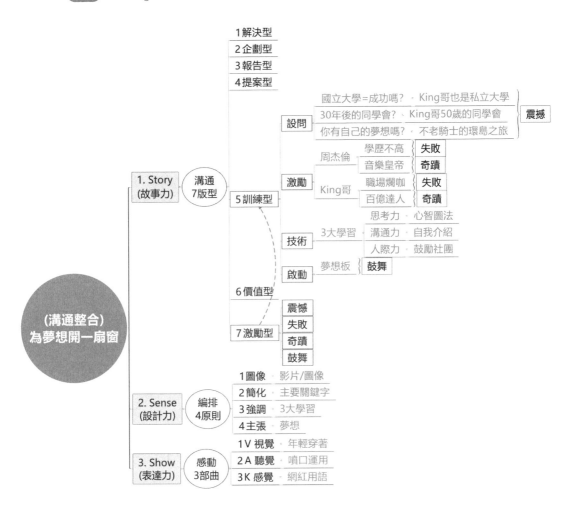

這張心智圖，是我受邀去宜蘭某私立大學演講的實際案例整合架構，這是一場面對500人的大型演講，夢想激勵，再加上隊呼比賽，現場氛圍令人感動。

一、結合故事力

➤ 運用溝通7版型

- 版型：學生最主要是學習技能，接受激勵，所以我選擇了訓練型＋激勵型之混合型。

- 主題：為夢想開一扇窗。

- 〔設問〕一開始，我先問他們三個大問題：

  ✓ 國立大學＝成功嗎？〔震撼〕

  King：King哥也是私立大學，但在職場混得還不錯啊！

  ✓ 30年後的同學會？〔震撼〕

  King：King哥50歲那年同學會，很多人因為過得不好，就不敢來參加了。你將來想參加，還是不敢去？

  ✓ 你有自己的夢想嗎？〔震撼〕

  （播放不老騎士的環島之旅，鼓勵大家要有夢想）

- 〔激勵〕

  ✓ 周杰倫學歷不高〔失敗〕，卻成為音樂皇帝〔奇蹟〕。

  ✓ King哥曾是職場爛咖〔失敗〕，但後來卻成為百億達人〔奇蹟〕。

- 〔技術〕當學生，要特別關注三大學習：

  ✓ 思考力（教授心智圖法）

  ✓ 溝通力（透過心智圖法自我介紹，兩人一組練習）

  ✓ 人際力（鼓勵大學生多參加社團，培養人際關係）

- 〔啟動〕

  （要大家為自己製作夢想板，為夢想開一扇窗）〔鼓舞〕

二、結合設計力

➤ 運用編排4原則

在整個簡報編排設計上，應用如下：

- 圖像 → 以影片及圖像為原則，學生較有興趣。
- 簡化 → 用主要關鍵字來簡化，適合500人大禮堂演說。
- 強調 → 強調學生要關注三大學習～思考、溝通、人際。
- 主張 → 每一張投影片，都要跟「為夢想開一扇窗」做連結。

三、結合表達力

➤ 運用感動3部曲

啟動視覺（Visual）、聽覺（Auditory）、感覺（Kinesthetic）同步：

- V視覺 → 穿著年輕，跟學生在視覺上同步。
- A聽覺 → 在重要處使用噴口。因為要啟動學生的夢想，講到重點的地方會特別大聲呼喊，同時也帶動學生呼喊。
- K感覺 → 使用時下網紅用語，拉近與學生的距離。

King 老師即戰心法補帖

整合【故事式溝通3S法則】，要特別關注「四動」：

故事力：溝通7版型之運用，用邏輯來**說動**。

設計力：編排4原則之呈現，用視覺來**帶動**。

表達力：感動3部曲之投入，用感官來**感動**。

而有了說動、帶動、感動之後，自然就會產生**行動**！

好的簡報，讓台灣被全世界看見！

四年前，在上King老師的課時，當下就被老師的心智圖法應用震撼到，一篇繁複的資訊在抓取關鍵字歸納整理後，瞬間變成易讀易記的架構。平時上課總會忍不住分心查看手機，但那天課程整整七小時，我不僅完全沒有分心，還覺得時間不夠，足見老師上課魅力勢不可擋，內容更是高含金量。而熟習關鍵字的擷取和心智圖開展後，也讓我從此在工作上更加得心應手。

這幾年，我持續在追蹤老師的進化，King老師已經將各種常用版型跟流程客製完成，尤其是溝通力3S（故事力、設計力、表達力）的應用，更讓我在職場上屢屢獲得國外大老闆的肯定，在各種簡報場合無往不利。以去年的全球主管大會為例，我使用了提案型版型，先破題點出當前所面臨的問題及挑戰，接著介紹即將開展的專案暨解決方案，最後比較與其他方案的差異性，並在結尾分享下一步專案時程，完整的架構讓聽過簡報的同事都印象深刻，大獲好評，那一刻不

僅深深慶幸自己有學過老師的溝通7版型，更強烈感受到這些版型的強大威力。

另外，在簡報設計方面，以往我總以為多種動畫、設計精美的簡報才是好簡報，結果我往往花了一週的時間準備一份簡報，卻還是讓主管不滿意，甚至不清楚我要傳達的主軸。自從聽了King老師的簡報設計後，才發現原來簡報的精髓在結構，美工只要透過簡單的圖案或內建版型，就能高效完成一份成功的簡報。當初如果早點上老師的課，也不用走這麼多冤枉路了！

King老師這次不藏私的把課程菁華整理成50個實用好記的技法，讓我忍不住一定要強力推薦，這是一本職場的九陽神功，不買會遺憾！

—— 台灣Amadeus 大中華區 客服總監

阮懿慧

⋯⋯ ◆ ⋯⋯

好的溝通力，會帶來強大的自信。

在職場上，要如何有邏輯架構的清楚表達？將表達的內容有效區分，並建立彼此間的脈絡與關聯性？最重要的是，還能使人信服。如果您跟我

一樣有這樣的煩惱，相信King老師這本新書可以協助您解決許多的問題，也會是一本很實用的超級工具書。

2016年認識King老師，最令我佩服的是老師整理了許多不同簡報版型與架構，如書中提到的溝通7版型，每當我規劃簡報遇到問題時，就會拿出來參考並做使用，像是解決型（現況、問題、對策、目標），依照版型架構套入內容，便可迅速幫助我完成簡報，並在會議報告時清楚且具有邏輯的表達說明，不僅整體效率提升，也讓我的提案報告比過往更容易過關。

記住King老師最常說的九字真言「想清楚，寫下來，說出去」，只要腦中有老師的版型架構，說出去的話自然容易讓人聽得懂，成功的機會相對也會提高。老師在企業的評價很高，每次授課都會加入新的素材，非常地用心，學員最常給予的回饋就是「很實用」，《一學就會！職場即戰力》是一本含金量很高的工具書，相信會讓您收獲不少，誠心向您推薦本書！

——台新國際商業銀行 人資襄理

陳嘉文

‧‧‧‧‧‧ ◆ ‧‧‧‧‧‧

簡報不好，升官無望，是冤枉，還是活該？

如果說你是一位超級業務，銷售績效始終名列前茅，你應當會有懷才不遇或是身陷牢籠的體認。因為身處於銷售頂尖的你，或許眼睜睜地看著身旁的人，一個個轉換職位或躋身為管理職。你不是沒有能力，而是要將你的能力present出去。本人任職外商公司已逾18年，相較於前輩資歷尚淺，但也見過不少征戰沙場的同仁屢屢挫敗‧其實不論身處何種產業，有系統邏輯的思考，且能清楚明白表現出來，是戰勝職場升遷的絕對法則。

2018年底，敝公司要對所有業務做一個年度簡報驗收，內容包含2018回顧及2019計劃，所以我們要找的簡報老師，不只是教導簡報技巧，還要藉簡報指導讓每位同仁清楚表達區域管理的商業邏輯。希爾思寵物營養品有限公司是寵物食品的創新及科學品牌，King老師是科技業領導品牌高階主管，本來還擔心無法客製化課程，但經過一次當面訪談之後，老師便能迅速掌握到公司的業務精髓。

上課那天，King老師用很簡單的方法，讓我們很快學會簡報結構、簡

報設計及魅力表達，並且為我們客製區域管理的模組，用心智圖法快速整合，進一步協助凝聚部門共識。

教學不僅教導及學習，指導者能否靈巧掌握授課產業需求，進而達到學習者的學習績效，並非常規教學者所能觸及。我們只學了King老師的簡報架構、設計和表達，就已大幅提升即戰力，而老師的新作集合多年教學及團隊帶領經驗，滿滿的50個技術，還能不趕快買來拜讀嗎！

——台灣希爾思寵物營養品有限公司 通路經理

位明興

······ ◆ ······

那一年，我們都用錯了心智圖法。

對企業而言，管理課程的訓練目的不外乎提升工作效率，建立共同語言，進而創造個人及組織績效。管理的知識或工具，雖不是一門很難理解的學問，但無論是組織人、事、物的管理運用，或簡易、熟練、流暢地達到最佳績效目標，都不是一件容易做到的事。

因緣際會下，透過顧問公司的引薦認識了King老師，其實企業訓練單位對心智圖法應該都不算陌生，它並不是什麼新工具或方法，所以第一次會談後對King老師運用心智圖法為基礎，貫穿思考力、企劃力、銷售力、溝通力、領導力，並未留下太深刻的印象。但後續幾經多位講師教學及內容比較，一次次課程目的及需求的釐清與討論，再回顧King老師以心智圖架構整合的職場五力著作與相關課程，其實不失為短時數達到最佳效益的好工具。

第一次的合作仍難免有些戰戰兢兢，但接受過NLP訓練的King老師站在講堂上，展現了思考流暢及親和的魅力，對於心智圖的操作、演練及示範亦是爐火純青，達到誠如書中所說的化繁為簡、整合架構、易懂易記、順利執行的目標；彙整了十幾年擔任高階主管親身經歷，以及一步步完成個人夢想的分享，是難得的領導管理最佳典範（Best Practice），更讓課程的進行充滿了正面激勵及說服力！

——威盛電子 教育訓練中心負責人

陳寶鳳

······ ◆ ······

天下武功，唯快不破！

武田企業的使命是透過在醫學領

域的創新，為全球人類帶來更好的健康和更美好的未來。對外要贏得社會和顧客的信任，對內要以敏捷性、創新性以及卓越品質，幫助我們打造穩定的藥物研發體系，並且逐年成長，成為業界和社會公認的成功企業。而這一切，就必須仰賴很強的專業能力。

早年我在香港和中國大陸已接觸過心智圖法，但仍停留在使用階段。我一直想找個可以將心智圖法應用在思考、溝通及銷售上的老師，但這樣的老師並不好找，既要懂得心智圖法，又要懂銷售與企劃，還要具備講課魅力……因為業務們通常對培訓很難專注。

首先，我們把題目訂為～運用心智圖法說故事的技巧，這裡指的「說故事」，是能把話說得有邏輯，對外能讓客戶更容易了解我們的藥品，對內可迅速完成溝通協調，達到簡單、快速和高質量的信息傳達──這才是我和他都認同「唯快不破」的真理！後來經過精挑細選，找到了使用心智圖法創造百億業績的King老師。

上過他授課的業務同事都非常喜歡King老師，除了心智圖法用得爐火純青之外，溝通7版型更是一絕！更妙的是，他具備很強的銷售技巧，不僅樂意傾囊相授，還鼓勵並傳授業務同事在辛苦工作之餘，找到如何平衡人生的方法。

我見過、也合作過很多的企業講師，King老師絕對是我心目中Top 3的講師人選之一！他的第一本書《職場五力成功方程式》已經讓我非常佩服，獲益良多；接下來第二本書《一學就會！職場即戰力》，是他500場授課後的進化版，加上更多核心知識的彙整，一定更加精采絕倫。

──台灣武田藥品 基礎醫療事業群總監

鄧慶光

...... ◆ ......

完美簡報，我也做得到！

在一次課堂上認識了國欽老師，一開始是課程名稱「決策與溝通最佳管理實務工作坊」吸引了我，從此我的工作日常就離不開心智圖。

我是一個專案管理師，也經常會受邀演講，這些工作都少不了要做簡報。以前做簡報總是直接打開PPT，便開始進入冥想狀態，若是沒有靈感，就只好上網，或者是外出走走找靈感（都是藉口），好不容易擠出一

頁，第二頁又陷入苦戰⋯⋯。雖然在報告前一刻總是會生出簡報，但常常是虎頭蛇尾——前面很漂亮，後面很簡陋，更糟糕的是，毫無邏輯可言。

自從上過國欽老師的課之後，我在做簡報時會打開心智圖軟體，從找到的相關資訊中先擷取關鍵字，再用老師教的方法放入心智圖中，歸納整理，接著轉換成PPT，做簡報的速度因此提升很多，也具備邏輯性與系統化。

記得剛到新公司，我用15頁簡報做計劃提案，獲得高階主管的稱讚：「從沒聽過這麼完美的簡報。」

國欽老師的教學，講求重點、有效，今天學會，明天上班就可以派上用場，而《一學就會！職場即戰力》這本書收錄了老師的心法和技法。如果你骨骼清奇，你可以去學如來神掌，但如果你和我一樣是平凡人，相信這本書絕對是你更上一層樓的墊腳石。

——花蓮慈濟醫學中心 研究部專員

藍陳淯

Chapter. 3

線上看職場五力微學習

銷售力

策略式銷售3大流程

從事銷售的人，
不能憑本能，而是要憑真功夫！

職場上的銷售人員比行銷人員還要多，所以銷售人員所面臨的競爭，相對要比行銷人員來得多且更為直接。

我看過很多的銷售課程，內容大部分強調「正面態度」及「應對技巧」。因此，大家對銷售人員的印象，普遍停留在「很會推銷，很會做人」的層次，認為只要做好以上項目，就算是個優秀的銷售人員。

還記得剛成為職場新鮮人時，我的第一份工作就是銷售專員，或許因為家裡經營雜貨店的關係，從小耳濡目染，所以我把銷售當成是販賣一般，每當有客戶詢問規格，就急著跟對方報價，然後攀談交情，之後秤斤論兩的去談論價格，最後結果大多無疾而終，或是不知所以的失去訂單。

在撞了幾次牆之後，慢慢從一個菜鳥蛻變成長，我把銷售業務分為三種等級：

➤ 老百姓

剛開始當業務的人，就像是一個老百姓，什麼都不會，一切從頭學起。幸運的人會跟到師父，不然就只能自己摸索。

➤ 流氓

漸漸的，成為有經驗的業務人員，我形容這個級數就像是一個流氓，很會打架，但還是憑本能去打，不是流氓打老百姓，就是大流氓打小流氓。你可能會問，當一個流氓不好嗎？要學功夫實在好累喔！

➤ 葉問

我用葉問來代表有功夫的人，那麼到底當葉問有什麼好呢？在我看來，擁有一身好功夫，好處有：

- **複製成功經驗：**因為所有功夫都有其招式，既然是招式，當然就可以被複製，所以贏案子的能力會隨著歲月而持續改良精進。
- **可以擊敗對手：**不管遇到多資深的流氓，也會很輕易的打敗他

們，因為流氓只是愛打架，但他不會打架。

- **傳承主管經驗：**當有一天你成為主管，因為體內有武功套路，很容易指導與傳承屬下，不會只憑本能指使他人做事。

關於銷售，有很多不同的套路，包括如何與客戶接近、如何傾聽需求、如何與對手競爭、如何與客戶談判、如何順利成交……等等，如果不加以整合，便會出現「無招勝有招」——因為不知道哪一招是哪一招，只好亂出招。

在這一章，我試著去整合一些國際理論，再加上我自己在職場的成功經驗，歸納出一套**策略式銷售3大流程**。為什麼取名為「策略式」呢？因為策略代表一種專業，一種以贏的策略為出發點的銷售模式。下面先以106頁心智圖簡單介紹，在後面章節中，將會有更進一步的拆解說明，並在最後做一個整合示範。

一、親和

何謂親和？簡單來說，就是讓人家喜歡你。

製造親和最快的方式，就是採取跟對方同步的技巧。至於為何要同步呢？因為人們喜歡跟自己一樣的人，喜歡跟喜歡的人一樣。人與人接觸的三大感官，就是視覺、聽覺、感覺，而鏡射法、共振法、同理法，就是為了同步這三個感官。

在親和中，親和法使用的工具是**【親和3感官】**：

- **鏡射法：**視覺（動作、手勢、姿勢）同步。
- **共振法：**聽覺（速度、音調、語言模式）同步。
- **同理法：**感覺（性格、九同、回溯）同步。

二、引導

何謂引導？簡單來說，就是當別人因親和同步而喜歡你之後，就可

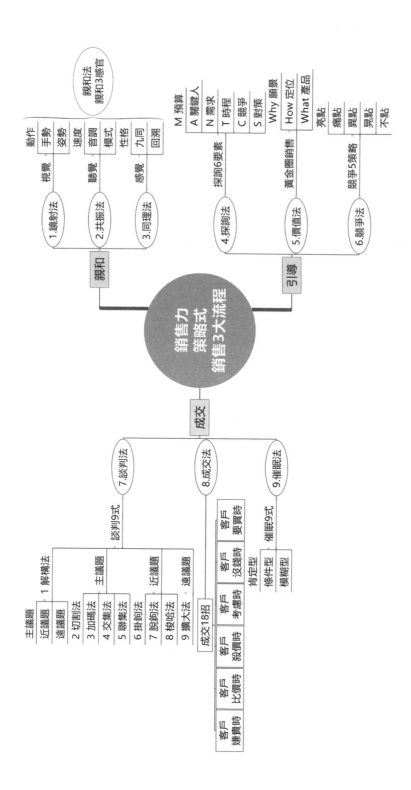

銷售力
策略式
銷售3大流程

親和
1.鏡射法 — 視覺 — 動作 — 手勢/姿勢
2.共振法 — 聽覺 — 速度/音調/模式
3.同理法 — 感覺 — 性格/九同/回溯

親和3法
親和3感官

引導
4.探詢法 — 探詢6要素 — M 預算/A 關鍵人/N 需求/T 時程/C 競爭/S 對策
5.價值法 — 黃金圈銷售 — Why 願景/How 定位/What 產品
6.競爭法 — 競爭5策略 — 亮點/痛點/異點/異點/不點

成交
7.談判法 — 談判9式 — 主議題/近議題/遠議題/1 解構法/2 切割法/3 加碼法/4 交集法/5 瞞集法/6 掛鉤法/7 脫鉤法/8 梭哈法/9 擴大法
8.成交法 — 成交18招 — 主議題/近議題/遠議題/客戶嫌貴時/客戶比價時/客戶殺價時/客戶考慮時/客戶沒錢時/客戶要買時
9.催眠法 — 催眠9式 — 肯定型/條件型/模糊型

以開始引導對方需求。

　　為何在成交之前，必須要有引導動作呢？答案是，因為人們都不願意被推銷，所以必須透過引導，降低對方的戒心，以提升成交機率。

　　在引導中，也有三個技術與適用工具：

- **探詢法**：探詢並引導對方需求，工具是【**探詢6要素**】。
- **價值法**：傳達公司的價值定位，工具是【**黃金圈銷售**】。
- **競爭法**：改變客戶對敵我認知，工具是【**競爭5策略**】。

三、成交

　　何謂成交？簡單來說，就是讓別人採取行動，下單給你。

　　成交是銷售的最後一哩路，很多銷售人員都敗在成交這一關，相反的，如果你能很輕易的讓別人跟你成交，你就是Top Sales！

　　在成交中，同樣有三個技術和工具：

- **談判法**：讓對方覺得他有賺到，工具是【**談判9式**】。
- **成交法**：讓對方下決心跟你買，工具是【**成交18招**】。
- **催眠法**：讓對方好好的簽完約，工具是【**催眠9式**】。

13 親和法
人喜歡跟自己一樣的人，喜歡跟喜歡的人一樣

工具 ▶▶ 親和3感官

目的 ▶▶ 同步對方3個主要感官，以提升親和，降低戒心

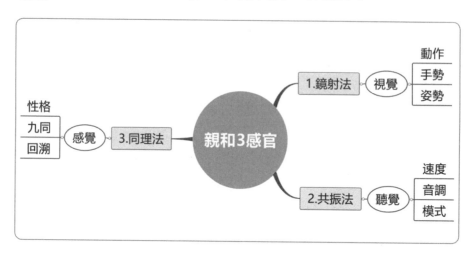

在前一章溝通力中，我們透過VAK（視覺Visual、聽覺Auditory、感覺Kinesthetic）來做表達互動；而在銷售力中，則透過VAK做親和同步，運用【親和3感官】讓對方在不知不覺中，把我們當成是他的「自己人」，進而打開心房，讓整個銷售過程變得順暢。

以下就VAK親和同步的技巧做進一步說明：

➤ V視覺同步：動作／手勢／姿勢

又稱為**鏡射法**。既然名為鏡射，顧名思義，就是製造出鏡子般的視覺同步，最主要是同步對方的動作、手勢和姿勢。當我們與對方肢體同步時，對方的戒心自然會在無形中降低。

舉例來說，如果你周遭有一些很麻吉的朋友，或是很情投意合的情侶，你會發現這些人的動作、手勢和姿勢很像，因為我們人類有一種傾向，只要兩方的心意越來越相通，自然會表現出與對方一樣的狀態。而

鏡射法便是一種視覺的反操作，當我們故意跟對方一樣的視覺狀態時，也等於反向提高了內在狀態的一致。

➤ **A聽覺同步**：速度／音調／語言模式

又稱為**共振法**，指的是聽覺頻率的聽覺同步，最主要是同步對方的說話速度、音調或語言模式，包括配合對方的口頭禪，甚至語氣中的情緒。在職場上，言語溝通頻率很高，學會如何配合對方說話方式，進而降低溝通的阻力，是非常重要的溝通技術。

➤ **K感覺同步**：性格／九同／回溯

又稱為**同理法**，這是VAK親和同步中最重要的技術，因為內心的同步，要比視覺與聽覺的同步來得重要。感覺同步，最主要分成三個方向，分別是**性格**、**九同**、**回溯**：

- **性格**：同步對方DISC性格，容易讓人喜歡。

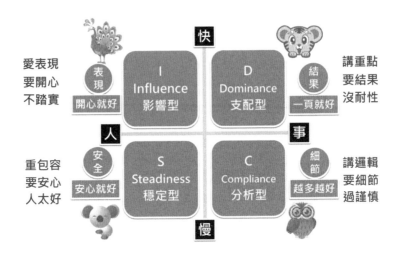

如上圖，縱軸是性子快或慢，橫軸是重視人或事，性子快慢可從講話速度來判斷，重視人或事則可從溝通內容判斷。

〔老虎〕

✓ 性格：支配型。

✓ 特徵：性子急，重事情。

✓ 同步：給他結果，少囉嗦，一頁就好。

〔孔雀〕

✓ 性格：影響型。

✓ 特徵：性子急，重人際。

✓ 同步：給他表現，少正經，開心就好。

〔無尾熊〕

✓ 性格：穩定型。

✓ 特色：性子慢，重人際。

✓ 同步：給他安全，少輕浮，安心就好。

〔貓頭鷹〕

✓ 性格：分析型。

✓ 特徵：性子慢，重事情。

✓ 同步：給他細節，少膚淺，越多越好。

假設我是一個尾牙活動承包商，我要去跟客戶提案，以下將四種性格的同步方式做個簡單示範：

1. 老虎→**讓他知**

客戶：King，目前尾牙的規劃，能否跟我說明一下。

King：我手上這本就是尾牙提案企劃書，**第一頁就是整個尾牙的總結**，您過目一下，我會好好地把您交辦的事做好！

2. 孔雀→**讓他爽**

客戶：King，目前尾牙的規劃，能否跟我說明一下。

King：我手上這本就是尾牙提案企劃書，整個尾牙交給我就對了啦，一定幫你辦得**又風光又好玩**，讓大家都盡興，來年再

一起為事業打拚！

3. 無尾熊 → **讓他安**

　　客戶：King，目前尾牙的規劃，能否跟我說明一下。

　　King：我手上這本就是尾牙提案企劃書，整個尾牙**就安心的交給我**，一定幫你辦得妥妥當當，讓大家有個愉快的尾牙！

4. 貓頭鷹 → **讓他懂**

　　客戶：King，目前尾牙的規劃，能否跟我說明一下。

　　King：我手上這本就是尾牙提案企劃書，整個尾牙**相關的所有細節都在裡面**，您可以慢慢看，需要說明再跟我說一聲。

- 九同：有關係，拉關係；沒關係，找關係。

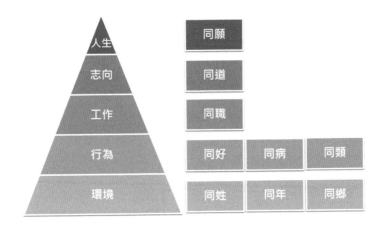

彼此陌生時，就得找話題拉近彼此關係。如上圖，分為環境、行為、工作、志向和人生五個層次，以及九種議題，而當相同點越多，關係就越緊密。至於何謂「九同」，簡單說明如下：

1. **同性** → 又稱同宗，就是同姓氏。

2. **同年** → 就是同年次，或年紀相近，例如都是五年級，頂多說到五六年級，不能差距太多。

3. **同鄉** → 來自同樣地方,例如都來自台南,或同樣是南部人; 若在國外,可說都是台灣人。

4. **同好** → 同樣的愛好,例如都愛打高爾夫球、彈吉他或玩手遊。

5. **同病** → 「同病者,必相憐」。病分兩種,身病和心病,例如都 有老花眼(身病);都沒自信、愛緊張(心病)。

6. **同類** → 同樣的類型,例如同是某個星座,都是某社團成員, 都上過某所大學。

7. **同職** → 同樣角色或同樣行業,例如都是業務,都任職於科技業。

8. **同道** → 就是同樣志向,「同道者,必相謀」,例如都想要當講 師,想幫助他人成功。

9. **同願** → 層次最高,就是同樣的人生願望,例如一樣的信仰, 一樣的宗教,一樣的人生價值觀。

- **回溯**:回溯及贊同對方的英雄事蹟,會讓他更喜歡你,最主要是 做到事件的**重複**、**感情**和**事實**。舉例來說:

客戶:我下個月升課長。

King:哇!你要升課長了〔重複〕,真是太棒了〔感情〕!以你
10年資歷及優秀表現〔事實〕,真是實至名歸!

像這樣先從對方身上找到令他自豪的事件,重複敘述並予以感情回 應,再加以事實搭配,對方會很喜歡你,因為人都愛被認同與稱讚。

案例 ▶▶ 一拍即合的面談

剛出道當講師時,有家管顧公司總經理找我洽談合作機會,並約在 101的一家餐廳吃飯。以下是我們的商談過程:

服務生:請問兩位要點餐了嗎?

管顧:我吃鯖魚飯,謝謝!

King：我跟他一樣，鯖魚飯，謝謝！

（**鏡射法**，其實我不吃魚的）

管顧：請問 King，你未來的講師之路，有什麼 Career plan？

King：關於你所謂的 Career plan，我個人在外商，已經工作 17 年了，想好好轉換跑道，人生下半場，就想專心在講師之路。

（**共振法**，跟他講一樣的關鍵詞～ Career plan）

管顧：聽說你很愛車子，可以跟我推薦一部好車嗎？

King：男人最大的夢想，就是去擁抱心中的跑車魂，才不枉此生。看你的品味，當然非 Porsche 莫屬。我個人也有一部，要不要等一下去試開我的 Porsche。

（**同理法～ DISC 性格**，我觀察到，他是個孔雀性格，喜歡談價值觀）

管顧：在人生的下半場，你為什麼選擇當一個講師？

King：好問題，這就跟我問你為什麼選擇創立管顧公司是一樣的，因為我們都希望在此生中，去幫助更多職場的人成功！

（**同理法～九同**中之同道）

管顧：有想過找什麼樣的管顧配合嗎？

King：根據我的了解，貴公司是目前市佔率最大的管顧公司，既然要當全職講師，當然就是要找最大的管顧公司，也就是貴公司囉！

（**同理法～回溯**他一手建立的公司經營成就）

管顧：今天跟 King 聊得很愉快，想不到我們這麼投緣，我們就合作吧！

King：如我所願，合作愉快！

King 老師即戰心法補帖

關於親和同步，應用時有一點要特別注意：

◗ **同步可以配合，不可以欺騙**

不管是視覺、聽覺或感覺同步，其實都是一種配合對方的方法，但同步可

以配合，絕對不可以欺騙。例如：

你的客人說他很喜歡寵物，你不能騙他說你養了三隻小狗。

你可以說～「真的嗎？我也很喜歡毛小孩耶，特別是柴犬。」

如果他高爾夫打80幾桿，你不能騙他說你90幾桿。

你可以說～「這樣啊，那你要好好教我打球喔！」

如果他是基督徒，你不以亂說你也是基督徒。

你可以說～「我特別尊敬有信仰的人……」

銷售本身也是一種信賴與人格的展現，一旦你對他說謊，客戶就再也不會相信你了。

14 探詢法
掌握6要素，贏的第一步

工具▶▶探詢6要素

目的▶▶藉由探詢，了解案情，以掌握銷售的進行

探詢法在銷售中，是很至關重要的一個步驟。

我們常說要傾聽客戶需求，而事實上，經過測試與統計，在一段銷售對談當中，平均業務員講話部分就佔了70%，客戶的講話時間只佔30%，也就是說，很多業務人員不喜歡聽客戶說話，只喜歡推銷產品給客戶。這是銷售程度進階一個很重要的分水嶺，想要成為Top Sales，一定要先學會傾聽及探詢。

探詢法使用的工具是【探詢6要素～M.A.N.T.C.S.】，這六個字母很好記，分成MAN＋TCS～「只要是男人（MAN），車子就要有防滑控制系統（TCS）」。在銷售工作中，要非常關注這六個主要訊息的探詢與接收，而這些探詢要素，也會在後續其他流程進行中，不停地往回逐步完善，以求訊息更加完整，當然也會更提高勝出的機會。

有關探詢6要素，以下做個說明：

- **M（Money）**：客戶的採購預算。

- **A（Authorized）**：銷售主要決策者，Authorized指的是誰被授權決定這項採購，一般我們又稱為Keyman。
- **N（Need）**：客戶的需求，分為產品需求和關注需求兩種。

  產品需求，指需要什麼產品，以及其規格與數量。

  關注需求，依行業而異，例如：科技業要的是產品規格、售後服務、解決方案、產品價格、公司品牌；汽車業要的是品牌、價格、省油、CP值、規格、外觀、服務、品質、操控、安全；醫療業要的是安全、可靠、便利、品質、療效、價格；通路要的是好賣、好賺、服務、資源、保障、關係……等等，不同的行業會有不同的關注需求。
- **T（Timing）**：客戶購買的時間或採購時間流程。
- **C（Competitor）**：主要對手及其策略。
- **S（Strategy）**：根據M.A.N.T.C.的探詢，提出因應的競爭策略。

案例 ▶▶XX銀行拜訪回報

當我還是菜鳥業務的時候，有一次去拜訪國內一家很大的銀行，回到辦公室後，我跟老闆的對話如下：

老闆：King，請跟我報告一下XX銀行的拜訪結果。

King：報告老闆，剛剛去拜訪陳科長，他人不錯，應該有機會買。

老闆：你這樣講跟沒講一樣，你回去好好想一想怎麼報告最正確，關於整個案子，我們需要知道什麼……

（後來我去請教很多人，也參考了一些銷售的書籍，就用了探詢法去拜訪客戶，當然也用探詢法跟老闆回報）

老闆：King，這陣子你應該有再去拜訪這家銀行，再跟我報告一下拜訪的結果。

King：關於上週去拜訪XX銀行，在此分為六個面向跟老闆報告：

- 〔M預算〕預算1,000萬。
- 〔A關鍵人〕決策者是陳科長和林專員。
- 〔N需求〕建置銀行徵授信系統,需要A3黑白雷射印表機500台,客戶最關注的是服務、規格、價格。
- 〔T時程〕時程是今年3月開出RFP,4月提案,5月議價,6月簽約,7月交貨,8月驗收,最後必須在9月底全部上線。
- 〔C競爭〕對手是I公司跟E公司,I公司採取的是關係策略,E公司則採取價格策略。
- 〔S對策〕我的因應對策是訴求產品的品質穩定、全面網路列印管理,並解決其主機與印表機的連線問題。

其實我在報告的同時,大腦裡面就藏了下面這張心智圖,方法很簡單,根據探詢6要素的版型,把答案填滿就對了。

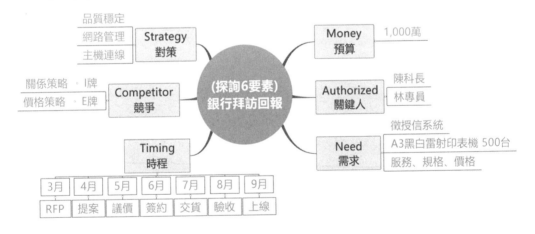

當你沒去探詢到M.A.N.T.C.S.,回去當然也無法報告。

○ **探詢話術**

在探詢客戶時,當然我們不會很直白的問,而且他也未必會很坦白告訴我們,甚至有些客戶會誤導我們,所以要取得資訊不對稱的優勢,探詢話術必須是設計過的。

提供基本話術參考如下:

〔**M預算**〕關於這樣的採購案,有沒有大概的預算編列?

〔**A關鍵人**〕請問一下貴公司的決策小組,除了您,還有誰?

〔**N需求**〕(直接問需求即可,但要多方驗證)

〔**T時程**〕請問貴公司何時要上線?(由上線時間倒推出一步步的相關時程,比問對方何時要買,感覺專業多了,客戶也較不會反感)

〔**C競爭**〕貴公司有無徵詢相關的友商,需要我幫您做整體評估嗎?

〔**S對策**〕(問完以上M.A.N.T.C.後,我們想要產生的動作,就是對策。從另一個角度來說,也就是要去改變或影響原有之M.A.N.T.C.,轉而對我方有利:

- **M**:增加更多預算,也等於增加我方營業額。
- **A**:影響決策者,產生對我方有利的決定。
- **N**:引導客戶,開出對我們有利的需求。
- **T**:了解時程,才能在對的時間,做對的事情,或是進一步影響其時程。
- **C**:了解對手,才能避實擊虛,出招也才會準確到位。

○ **客戶管理**

如果你面對的是主要客戶(Major account),那麼這個探詢就必須深化成主要客戶之策略管理與銷售計劃,戰線和布局才會拉長拉寬:

- **M**:不只問到本次專案預算,還要進一步了解整年度的採購預算,甚至細項,以及之前跟哪幾家廠商購買的分額。
- **A**:必須去了解這家企業的組織及政治局面:

- **畫出組織圖**，了解彼此戰略位置。（參考下方XX銀行組織圖）
- **找出決定圈**，了解誰是主要決策者。
- **連出影響線**，了解組織中的施力點。

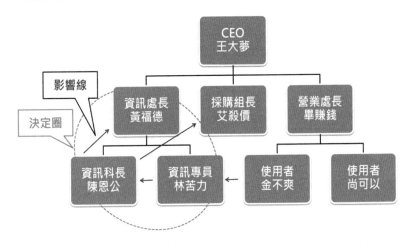

而關於主要決策者，因為會直接影響銷售勝負，除了參考第13技親和法（108頁）之外，在此要再進一步做些補充。

首先，你要深度了解主要決策者的相關狀況，包含他的組織角色、個人性格，以及你與他之間的關係，才知道如何照應決定圈的人。

決定圈 People	角色 Role	性格 character	關係 Status		照應 Coverage
黃福德	A	D 老虎	3		3
陳恩公	D	I 孔雀	4		5
林苦力	E	C 貓頭鷹	5		4

如上圖，先找出決定圈填入，寫下**角色**、**性格**、**關係**，然後依此判斷出該照應之深度。只要照應深度是4或5，就要有進一步的人際動作，例如：

邀請陳科長去泰國參加企業領袖會議，對林專員的測試需求有求必應。

（關於性格，可參考親和法中的DISC性格說明）

至於角色、性格、關係和決定照應深度，則解釋如下表：

角色 Role	性格 Adaptability	關係 Status		照應 Coverage
知道角色,才知需求	配合性格,較易切入	數字越高,越是自己人		數字越高,越是用心
• E：Evaluator (評估此案者) • D：Decision (決定此案者) • A：Approver (批准此案者) • B：Buyer (採購此案者) • U：User (使用單位)	• D：支配型 老虎 (要結果) • I：影響型 孔雀 (要表現) • S：穩定型 無尾熊 (要安全) • C：分析型 貓頭鷹 (要細節)	• 1 Enemy (撫平 Neutralize) • 2 Non Supporter (撫平 Neutralize) • 3 Neutral (鼓勵 Motivate) • 4 Supporter (槓桿 Leverage) • 5 Mentor (顧問 Coach)	→	• 1 不用理會 • 2 點到即可 • 3 保持聯繫 • 4 用心照顧 • 5 隨侍在側

- **N**：往下深度探討客戶需求之細部規格。（參考下方XX銀行採購規格）

產品規格	• 軟硬體之基本規格 A3 黑白雷射印表機500 台。
售後服務	• 硬體保固、服務等級、反應時間、停機時間... 7X24小時，保障印表機不停擺服務。
解決方案	• 整合、應用、解決問題... 須與銀行徵授信系統連接，輸出正常。
廠商報價	• 含以上所有軟硬體、售後服務及解決方案價格 800~1,000萬之間。
廠商能力	• 品牌、信譽、財務、規模、技術、經驗... 資本額大於1億、據點大於50處，工程師大於100人。

- **T**：要知道所有採購流程的時間點。

同一個主力客戶，可能會有好幾個年度採購案，每個採購案的時程不一樣，但都會有一樣的程序：

─ 定規：開出 RFP（Request for proposal）。

- 提案：邀請廠商來提出建議書。

- 議價：與廠商協議價格。

- 簽約：須與得標者簽正式合約。

- 交貨：照合約日期交貨。

- 驗收：陸續裝機驗收。

- 上線：開始上線啟用。

- **C**：除了知道對手是誰之外，還要了解對手之細部相關：

- 產品：對手的產品規格。

- 價格：對手的價格策略。

- 服務：對手的服務流程。

- 關係：對手的客戶關係。

- 決策：對手的決策傾向。

- **S**：公司採用的對策，可以直接判斷，或參照第16技競爭法（125頁）的【競爭5策略】，才會更加精準。

15 價值法
給我一個理由，為何要買你的東西

工具 ▶▶ 黃金圈銷售

目的 ▶▶ 學會在銷售時，不只能賣CP值，更要會賣價值

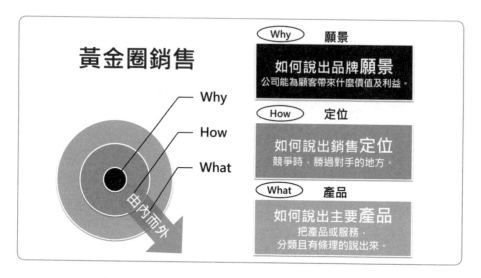

我在銷售領域，最常聽到的就是業務在「賣CP值」。CP值不是不好，而是可以更好，那個更好就是「賣價值」。

在第二章溝通力中，我們曾經談過黃金圈，談的是黃金圈之價值溝通；而用在銷售力的黃金圈，主要是談黃金圈之價值銷售。黃金圈用於溝通時，Why / How / What 分別代表為什麼、怎麼做和做什麼，而使用在銷售時，則會轉成**顧景**、**定位**、**產品**。

- **Why顧景**：如何說出一家企業的品牌願景，公司能為顧客帶來什麼價值及利益。
- **How定位**：如何說出銷售定位，在競爭時勝過對手的地方。
- **What產品**：如何說出主要產品，把產品或服務分類且有條理的說出來。

案例 ▶▶某電信公司黃金圈

有一次我去一家電信公司授課，現場問了學員們一個問題：「如果我就站在你的門市，請你給我三個理由，為何要我買你的門號？」現場忽然一片靜默。最後有人脫口而出「價格便宜」。各位，如果消費者只看價格，那麼LV、Nike、Porsche、Starbucks及各大領導品牌，應該早就要關門了。

於是我們當場集思廣益，一起為這家電信公司找出黃金圈，同樣是由內而外，如下圖：

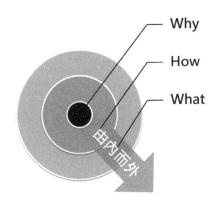

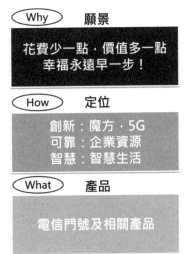

黃金圈銷售 電信業

Why — How — What

由內而外

Why　願景
花費少一點，價值多一點
幸福永遠早一步！

How　定位
創新：魔方．5G
可靠：企業資源
智慧：智慧生活

What　產品
電信門號及相關產品

- **Why**願景

  理由①：可以錢花得少，買到更多東西，又有幸福感！

  ✓ 花費少一點，價值多一點，幸福永遠早一步！

- **How**定位

  理由②：基於這樣的價值，我們有創新、可靠、智慧三大定位。

  ✓〔創新〕5G科技啟動，魔方收訊無死角。

  ✓〔可靠〕郭董強大資源，服務穩健有靠山。

  ✓〔智慧〕智慧生活體驗，全方位解決方案。

- **What**產品

理由③：可購買本公司手機門號及相關3C產品。

像這樣從Why願景／How定位／What產品，一路由內而外做介紹，是不是比只講價格要好上很多呢？當下我看到每一雙眼睛都亮了起來，彷彿北極星出現在夜空當中，為企業找到了指引方向。其實這就是所謂品牌的故事。

⊃ **黃金圈只可用在企業嗎？**

黃金圈的應用範圍，除了企業，也可用在個人，因為個人也是一項商品。例如，一樣是TOYOTA，為何人家要找你買TOYOTA？所以我建議職場人士，**一定要有屬於自己的黃金圈。**

- King 老師的個人黃金圈如下：

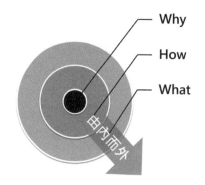
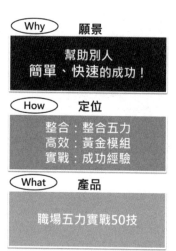

這張圖，也是我人生的夢想藍圖。我的願景就是幫助別人簡單、快速的成功，整合、高效、實戰就是我一貫的教學定位，而我所指導的課程就是「職場五力實戰50技」。

16 競爭法
客戶要的，自己強的，對手弱的

工具 ▶▶ 競爭 5 策略

目的 ▶▶ 學會掌握自己的強項，引導客戶需求，擊敗競爭對手，取得最後勝出

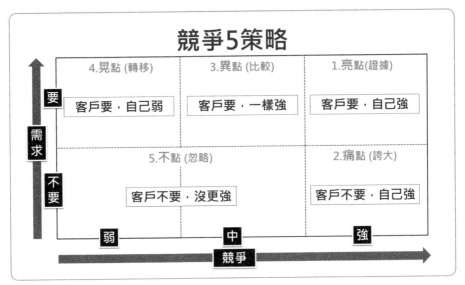

還記得念大學時，有位中文系的男同學很愛慕班上一名女同學，因為同屬中文系，他認為浪漫是最佳的追求方式，常對她吟詩寫歌，詠風頌月，淡海夕陽，浪漫無限。後來冒出一個體育系男同學，常帶那女同學去騎車爬山，兩人開始約會，這位中文系男同學看狀況不對，也帶她去騎車爬山，就這樣，他還是失戀了。

這其中道理很簡單——這位男同學「幫人抬轎」。如果騎車爬山是女同學（客戶）的需求，體育系同學（對手）已取得初步優勢，勉強跟女同學去騎車爬山，等於是幫對手背書，並加深自己的不利處境。

最佳策略應該是告訴這位女同學，常常看到有人因騎車而發生車禍（對手弱的），浪漫與疼惜（自己強的）才是她最佳的保障（客戶要

的），這樣的方式，才有機會擊敗那位體育系男同學，取得勝出機會。自古以來，所有的競爭，贏的一方就是守住這12個字～**客戶要的，自己強的，對手弱的**。

根據這12字訣的概念，King老師融合了NLP技巧及銷售心理學，提出一套模型給讀者參考。假設把金錢當作需求，在一場男追女的情境中，【競爭5策略】的運用如下：

一、亮點：客戶要，自己強

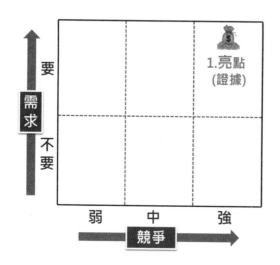

【情況】
・客戶要，自己強
【舉例】
・女友要有錢的，而你很有錢，你該怎麼做？
【策略】
・亮點
【做法】
・證據
　✓ 我有現金3億，房子2間！

如上圖，你的女友（客戶）是一個喜歡金錢的人，而你（自己）剛好是一個很有錢的人，這種情況屬於「客戶要，自己強」，該祭出的策略就是「亮點」，而祭出亮點的最佳做法就是「**證據**」。簡單模擬情境對話如下：

女友：你好久都沒送我東西了，有錢人真好。

自己：唉呀，這事就交給我了，目前我手頭上有現金3億，房子2間，要麻煩妳幫我消費一下。

➲談話中提到的現金3億、房子2間，就是**打亮點**的證據，完全不用攻擊對手，就可以馬上勝出！

二、痛點：客戶不要，自己強

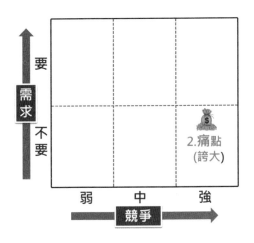

【情況】
- 客戶不要，自己強

【舉例】
- 女友不要有錢的，而你很有錢，你該怎麼做？

【策略】
- 痛點

【做法】
- 誇大
   ✓ 貧窮→無法終養父母→不孝女！

如上圖，你的女友（客戶）是一個不在乎金錢的人，而你（自己）卻是一個很有錢的人，這種情況屬於「客戶不要，自己強」，該祭出的策略就是「痛點」，而祭出痛點的最佳做法就是「**誇大**」。模擬情境對話如下：

女友：我不是一個在乎金錢的人，我覺得兩人之間的相處是最重要的。

自己：是的，錢雖不是萬能的，但沒有錢是萬萬不能。想想看，妳是一
　　　個這麼孝順的女兒，將來有一天，父母會年老，而如果妳嫁的是
　　　一個貧窮的人，那麼妳就沒辦法實現終養父母的願望，這樣妳就
　　　成為一個不孝女了。

➲ 以上一連串痛苦訴求，就是在**打痛點**，而打痛點就是要夠痛，要夠痛就要誇大，一般要三層以上。上面的例子，貧窮 → 無法終養父母 → 不孝女，就是在誇大這個事件的痛點。

為何不能像前面例子，只強調自己的亮點就好了呢？這個觸及到人類的認知及行為科學，如果是一件對方不在乎的東西，就表示你這個優點不吸引她，強調亮點自然起不了作用，既然「有你的好處」無法打動對方，當然改弦易轍，提出「沒有你的壞處」，而沒有你的壞處若要生

效，一定要讓對方夠痛，所以才會有誇大的做法。例如：

「沒有使用我們公司的材料（不會痛），將會供貨不穩定（不怎麼痛），而供貨不穩定，您的生產線也會跟著不穩定（然後呢），當您的生產線不穩定，就會無法準時交貨（會怎樣），而無法準時對客戶交貨時，會面臨被取消訂單的風險（真的嗎）。若被取消訂單，業績便會衰退，利潤跟著不佳，貴公司隨時可能會啟動裁員，而這件事情都是因為採購失誤引起的，所以您說會裁誰呢？（我好怕）」

痛點是一個威力很強的話術，甚至有些時候會勝過亮點。還記得2018年底的九合一大選嗎？有位市長候選人一開場就訴說痛點——「高雄這城市又老又窮，我們要幫北漂的年輕人，找到一條回家的路。」之後在整個選戰中就輕易取得上風，因為他觸動了大多數人的痛點。姑且不論候選人的好與壞，政治我不予置評，但從銷售觀點來看，這是一個很精準的選舉話術。

三、異點：客戶要，一樣強

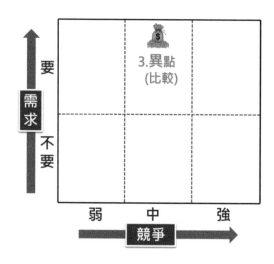

【情況】
・客戶要，一樣強
【舉例】
・女友要有錢的，而你很有錢，對手也很有錢，你該怎麼做？
【策略】
・異點
【做法】
・比較
　✓ 1億 vs 5千萬
　✓ 台北房子 vs 台中房子

如上圖，你的女友（客戶）是一個喜歡金錢的人，而你（自己）剛好是一個很有錢的人，但對手也是個很有錢的人，這種情況屬於「客戶

要，一樣強」，該祭出的策略就是「異點」，而祭出異點的最佳做法就是挑「對自己有利」的地方來「**比較**」。模擬情境對話如下：

女友：你好久都沒送我東西了，有錢人真好。

自己：唉呀，雖然大家都很有錢，但有錢的定義，得要看真正的數字，
　　　還要看不動產。像我有1億，房子在台北，而對手只有5千萬，
　　　且房子在台中，比較之下，我就比他好多了啊！

⊃ 談話中提到1億vs 5千萬，台北房子vs台中房子，就是**打異點**的比較，這時候只要能找到對你有利的比較，並說服對方，改變對方的認知，就贏了！

四、晃點：客戶要，自己弱

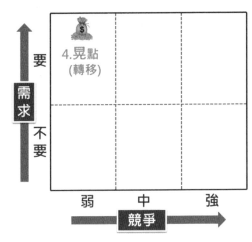

【情況】
・客戶要，自己弱
【舉例】
・女友要有錢的，而你卻很窮，
　你該怎麼做？
【策略】
・晃點
【做法】
・轉移
　✓ 我目前工作很好，很有未來！

　晃點，聽起來很像是在賴皮，其實它跟痛點一樣，在職場或官場是很經典的一種技法。我們常聽到很多高官答非所問，並不是他們聽不懂，而是問A答B，不用正面回應，才是最佳的回應。

　我兒子英文不好，數學很好，有一次段考剛結束，我找他說話，父子對話如下：

King：兒子，這次英文考得如何？

兒子：爸爸，我這次數學考100分！

King：我問你英文考幾分？

兒子：老師說我這次國文進步很多！

King：那英文到底是幾分？

兒子：我有點忘了，我去找一下成績單，等下跟你說……

（連小孩都會的東西，可見晃點一點也不難）

　　如129頁這張圖，你的女友（客戶）是一個喜歡金錢的人，而你（自己）剛好是一個窮光蛋，這種情況屬於「客戶要，自己弱」，該祭出的策略就是「晃點」，而祭出晃點的最佳做法就是「**轉移**」。模擬情境對話如下：

女友：你好久都沒送我東西了，你都沒有錢。

自己：唉呀，我就是個績優股，我的工作很好，很有未來，而且我的人
　　　很溫柔體貼。

➲ 像這樣不正面回應自己沒有錢，轉移話題，就是個晃點的應用。

五、不點：客戶不要，沒更強

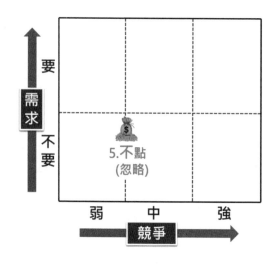

【情況】
• 客戶不要，沒更強

【舉例】
• 女友不要有錢的，而你很窮，你該怎麼做？

【策略】
• 不點

【做法】
• 忽略
　✓ 告訴自己，這一點不用管！

　　如上圖，你的女友（客戶）不在乎你有沒有錢，而你（自己）剛好是一個窮光蛋，這種情況屬於「客戶不要，沒更強」。沒更強，包括自

己弱或跟情敵一樣，這時該祭出的策略就是「不點」，而祭出不點的最佳做法就是「**忽略**」，完全不用提，千萬不要沒事跟女友說，我們雖然窮了點，但我們窮得有志氣之類的，沒事矮化自己，豬頭才那麼做。

我從小就很討厭我的單眼皮，我們全家都雙眼皮，就只有我是單眼皮，我常跟我媽抱怨，甚至因此感到自卑，後來長大發現，女生根本不在乎男生是否雙眼皮，所以這一題，我算是白操心了。

案例 ▶▶X牌汽車與Y牌汽車之競爭

下面這個例子，是X牌汽車與Y牌汽車的競爭示範，因事涉商業競爭，所以並非完全真實，主要是用來示範競爭5策略的話術。

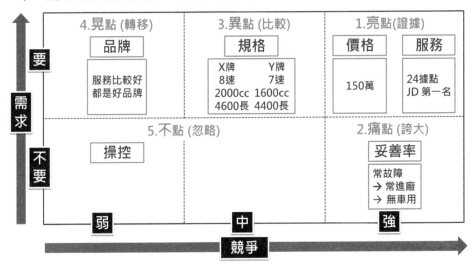

假設一般買車最常見的需求是品牌、規格、價格、服務、操控、妥善率，業務跟客戶的對話如下：

業務：您好，歡迎光臨X牌汽車，請問您最關注的需求是什麼？

客戶：我很在乎品牌、規格、價格、服務。（很清楚，這四樣都是客戶端的需求）

業務：這就對了，我們的服務最佳，連續10多年獲得JD power評比的

冠軍〔**亮點**〕，而價格只要150萬，就可以把進口汽車直接開回家〔**亮點**〕。

客戶：那你們跟Y牌的規格，看起來差不多啊……

業務：關於規格部分，容我跟您報告一下，以我們X牌跟Y牌比較，在排檔的部分，是8速 vs 7速；在排氣量cc數的部分，是2000cc vs 1600cc；在車長的部分，則是4600 vs 4400，所以規格仍是有些差異的。〔**異點**〕

客戶：聽起來有道理，但我還是很在乎品牌，這一生沒開到Y牌，好像怪怪的。

業務：其實我們跟Y牌都是一流的品牌啦，最主要是我們有很好的服務跟價格。〔**晃點**〕
　　　對了，您對於妥善率的看法如何？〔**以下是痛點**〕

客戶：都是進口車，妥善率我就沒去特別留意了。

業務：關於妥善率的部分，一直是X牌最強，而對手最讓車主擔憂的地方。您想想看，如果妥善率不好，會怎麼樣？

客戶：那就要常常進廠維修啊！

業務：常常進廠的話，就常常沒車可開，您說對不？

客戶：對啊，那樣很不方便。

業務：沒錯，不只是不方便，還可能讓您在這期間無法接送小孩，而孩子要自己搭公車回家，可能會因此產生不必要的風險。

客戶：有道理，那請問你們的車交貨要多久？

業務：恭喜您，有庫存，不過不多了，喜歡就趕快訂下來，您終於圓夢成功，我為您感到開心。

客戶：條件能不能再給我好一些。

業務：放心，我會盡量給您最好的優惠！

（接下來就會需要用到下面章節的談判及成交技巧）

King 老師即戰心法補帖

◯ 出招的排序

亮點肯定是第一個，而晃點和不點是屬於被動性的防禦，不會沒事提它，就剩下痛點跟異點了。

請問是痛點重要？還是異點重要？這個答案，就能分出業務能力的高下。

答案是：**痛點**。

原因是在進行異點比較的時候，基本上是平分秋色，我們跟對手都會挑選對自己有利的地方做比較。痛點則不同，只要能用痛點喚起客戶對它的需求，從原本不在乎變成很在乎，勝算馬上會大大提高。

從另一角度來看，若在一開始你沒有亮點可言，就是猛攻痛點；如果也沒有痛點，就只好在異點一較長短；到最後，選擇降價也是致命一招，或是乾脆放棄這個客戶，把時間花在有希望的客戶身上，也是可以的！

最後，有一段話，可能會顛覆你對銷售的原始認知，客戶的需求，不可一味的配合，而是要去引導他到你的強項來，你才會贏！——**關注你強的，比客戶要的，更重要！**

⑰ 談判法
談判如演戲，不演還不行

工具 ▶▶ 談判9式

目的 ▶▶ 學會掌握人性，在談判的進退之中，一步步把生意成交

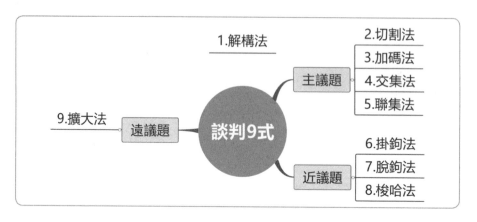

　　有一天，我陪朋友去買一部車，我們在去之前，有先沙盤推演要怎麼殺價，比如假裝不喜歡車款，批評配備不好，假裝不夠錢，或說哪個業務報價比他便宜……等等。最後，順利拿到我們要的價格，我的朋友很高興，其實我不忍心告訴他，那個業務本來就想給他這個價格，只是配合他演戲，先把價格拉高一些，讓他殺個爽而已。

　　早年我還是菜鳥業務時，常常很老實就把底價直接給了客戶，結果當然就無法成交，因為客戶總覺得應該要殺個三次才是正常的，而我已無路可退。這是一個血淋淋的教訓，做生意不在談厚道，而在談商道，這個配合演戲的商道分上下集，上集是談判法（陪客戶把戲演完），下集是成交法（要客戶給出訂單）。

談判的核心概念

　　在正式介紹【談判9式】之前，必須先把基礎的核心概念，幫大家

建立起來。說到「談判」，有兩種類型、八種範疇、六種前提、五種籌碼，以下分別說明：

➤ **兩種類型**

1. **分配型**：就是個輸贏賽局，一樣的資源，看誰分配得多。
2. **整合型**：就是個雙贏賽局，雙方都因談判而得到某種獲利。

➤ **八種範疇**

談判的應用範疇，大概可分為：1.日常買賣；2.人際關係；3.跨部協商；4.企業交易；5.合約簽立；6.勞資對立；7.政治議題；8.國際會談。（這裡的談判9式以日常買賣及企業交易為主）

➤ **六種前提**

1. **希望**：談判好像過隧道，永遠要給對方一片亮光，對方才有信心跟你談下去。
2. **策略**：談判是先想好，才會出手，就像我們的談判9式一樣，做完功課才能出門。
3. **互惠**：必須是「贏者不全贏，輸者不全輸」的感受。這裡講感受，不講得失，就是說談判過程也是個感受。
4. **交換**：沒有Yes or No，只有IF（參考談判9式之切割法）。簡單來說，每次的交手，都要用交換的角度來回應，你給我什麼，我就給你什麼。
5. **過程**：談判像演戲，不演還不行。這裡點到談判最基礎的核心，你我都大概知道彼此的牌，演得好就成交，演得不好就失敗，人生本是一齣戲，當然談判也是。
6. **台階**：談判的結果，不管輸贏，一定要給對方面子，他就會讓出裡子。

➤ 五種籌碼

既然是談判，就得算算彼此的籌碼，免得把這齣戲演得荒腔走板。談判籌碼共有五種：

1. **力**：談獨特及擴大。

   有獨特性的人較會贏；誰能擴大對自己有利的戰局就比較會贏。

2. **理**：談行情與情報。

   誰掌握更多的市場行情及對方的情報，比較有贏面。所謂「資訊不對稱」，就是指掌握資訊的差異。

3. **利**：談利益與損失。

   要去估算他跟我談有何利益，以及不跟我談有何損失。

4. **情**：談人脈與信任。

   有時買賣不全是利益關係，不計較得失，有時就是個甘願。講白一點，要死也要死在你手上，誰叫我喜歡你。

5. **時**：談急迫與時機。

   誰急誰輸，所以急也要裝不急；時機指的是，目前時機是否對自己有利。

在掌握談判的核心概念之後，接著就要為大家逐一介紹最經典的【談判9式】。不過要先說明的是，真正在談判時，並不會每一次都出現這九式，而是會依照實際狀況而應變，但是大家要先把這九個馬步紮下，將來才有辦法好好運用。

不同於其他的工具，談判9式非常特別，是先由起手式～**解構法**，將談判議題切成主議題、近議題、遠議題，再進一步分出其他八式：

- 主議題 → 切割法、加碼法、交集法、聯集法。
- 近議題 → 掛鉤法、脫鉤法、梭哈法。
- 遠議題 → 擴大法。

➤ **解構法〔第1式 — 起手式〕**

解構法是制高點，先把主議題、近議題、遠議題架構出來。「主議題」就是這次談判**主要的事件**，而「近議題」是可用來**槓桿的手段**，「遠議題」則是可用來拉抬**合作的高度**，先有這三個架構，才能做出一個個口袋，把客戶順勢拉進來。

一、主議題

➤ **切割法〔第2式 — 談事〕**

主議題的第一招，就是**把談判的交換元素做切割，以利談判時的籌碼交換**。交換元素切得越細，交換起來越是靈活。例如：我們去買杯子，老闆開價一個100元。首先，我們把這個談判籌碼切割成價格、數量、現金、規格，然後就可以跟老闆出價：

買家：我買2個，算我180元。（數量換價格）

買家：我用現金，算我90元。（現金換價格）

買家：我買小的，算我70元。（規格換價格）

➤ **加碼法〔第3式 — 談事〕**

當切割法有點不穩妥時，就端出**額外加碼，它可以算是切割法中某個籌碼的放大，有鎮定說服的效果**。例如：

買家：以上180元。（老闆不答應，再考慮加碼）

買家：老闆，不囉嗦了，我買3個，270元，結帳了。

（從買2個到買3個，是一種加碼的概念，它就是切割法的延伸）

➤ **交集法〔第4式 — 談心〕**

談判時，有時因彼此立場不同或角度不同，很容易把話題談僵了，這時最好的方法就是**抓出彼此交集的部分，努力求同，才會產生同樣的情感反應**。例如：在前公司工作時，常常要去跟通路談進貨（其實就是塞貨），每次都不停的在高庫存打轉，這時候只要談到如何拉高銷售，就會馬上搭起彼此的互信橋樑，因為銷售才是彼此共同關注的議題。

➤ 聯集法〔第5式 — 談心〕

承上，**求同就是為了存異，這個存異就是聯集法，它是個連續劇。**
當談完銷售目標及提供資源時，我就會馬上提到進貨，而對方會提出庫存要守在幾週，這樣就能很快達成共識。所以，我們不談進銷存，都是談銷進存，跟朝三暮四改成朝四暮三的道理一樣，橫豎加起來都是七，但因為關注順序改變，很自然就會產生不同的感受。

二、近議題

➤ 掛鉤法〔第6式 — 談槓桿〕

這是近議題的第一招，如果**主議題搞不定，就需要到近議題去找一個有利的籌碼來擴充戰線。**我過去在跟通路的談判中，最常見的就是把產品線拉寬，當A產品談不攏時，就拿B產品來掛鉤。當然B產品需要是有利的籌碼才行。掛鉤可分為正掛及反掛：正掛就是～你如果給我A，我就給你B；反掛則是～你不給我A，我就不給你B。內容一樣，說法不同而已，一杯是敬酒，一杯是罰酒，看狀況出招。

➤ 脫鉤法〔第7式 — 談槓桿〕

當對方也使用掛鉤法，欲鉤出一個對他有利，對我不利的東西，而我又不想用來交換的狀況時，就要用到脫鉤法，**找一個理由趕快把它給撇開，免得讓自己掉入陷阱之中。**承上題，例如：客戶說：「你如果要我給你B，你就得給我C。」；而這C是你給不起的，你就說：「我是很想幫你，但C不歸我負責，我只能代你轉達。」

➤ 梭哈法〔第8式 — 談槓桿〕

這是近議題的最後一招，最主要是**如果自己的全線籌碼夠強，且這一局對自己很重要，必要時，得梭哈一次。**例如：「如果這次不進單，那我們考慮要把所有產品的代理權拿掉。」但是這一招要小心使用，就怕對方不買單，自己連一點退路都沒有，只能換個人來收拾你留下的殘局。或用另一種**受害者的軟梭哈**，例如：「這次你真的要幫我進單，因

為我很擔心以後資源再也進不來貴公司，那我們兩個都會很慘。」這招軟梭哈有時很管用，綿裡藏針，且巧妙地把自己跟對方命運綁在一起。

三、遠議題

➤ 擴大法〔第9式 — 談合作〕

當前八招都無效，就得祭出最後一個戲碼，就是**把議題拉高到合作層次，或放出很獨特的籌碼。**一般遠議題都會很高大上，例如：「就讓我們一起聯手，一起共創市場。你如果這次肯幫我們，我們將來會考慮給貴公司一些首賣或獨賣商品。」擴大法也可想成是一種整合型互利之談判，它會讓人有一種「很有遠見」、「很有未來」的感覺，這招是很有威力，但建議給高層來放行。

案例 ▶▶ XX銀行的印表機進貨

這是我之前任職外商公司時，和屬下去拜訪XX銀行的實際案例，當時兩方談判的情境對話如下：

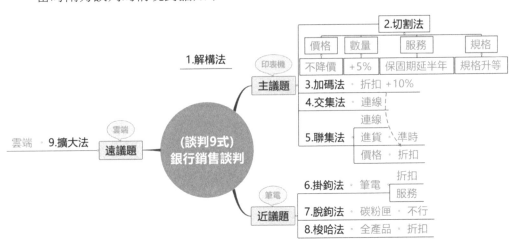

首先，切出主議題為印表機，近議題為筆電，遠議題為雲端。〔**解構法**〕

接著，將談判交換元素切割出價格、數量、服務、規格。〔**切割法**〕

客戶：關於印表機進貨，價格能否再便宜一些？

（以下舉例三種方式）

King：價格無法再低了，除非量再增加5%。（數量換價格）

King：價格無法再低了，我可以加長保固期半年。（服務換價格）

King：價格無法再低了，我可以拉高規格交貨。（規格換價格）

客戶：這樣高的價格，預算實在不夠啦⋯⋯

King：〔加碼法〕這樣吧，如果你下完這張單，我試著去跟國外要個特惠價格。

客戶：價格如果沒達到我們要的，可能無法採購！

King：〔交集法〕我們共同議題是保證主機連線沒問題，只要連線沒問題，一切都好談，OK！

客戶：如果連線成功，到時價格要真的算優惠給我們公司⋯⋯

King：〔聯集法〕沒問題，如果主機連線確定成功，你負責把進貨訂單準備好，我來努力價格⋯⋯

客戶：儘管如此，貴公司價格確實高很多⋯⋯

King：〔掛鉤法〕如果你幫忙印表機的進貨，我就在筆電上面，也提供類似的折扣與服務給你⋯⋯

客戶：那你能否幫我順便談一下貴公司碳粉匣的價格？

King：〔脫鉤法〕碳粉匣不是我負責的產品線，我只能代為轉達。

客戶：關於印表機進貨，真的有點難度，老闆不知簽不簽⋯⋯

King：〔梭哈法〕告訴你老闆，如果這次沒談成，我擔心以後對貴單位的折扣都進不來，那時我們兩個都會很辛苦。

客戶：如果我老闆真的很難談，怎麼辦？

King：〔擴大法〕這樣，我再幫你一把，如果這次能順利合作，我們可以再客製一個雲端列印服務，為貴公司帶來更多的利益。

客戶：就這麼辦，我去找我老闆談！

○ **談判、溝通、辯論，有何不同？**

談判～為了成交。

溝通～為了理解。

辯論～為了輸贏。

所謂的銷售，就是為了要達成交易，所以在銷售中，當然就會大量使用到談判技巧。另一方面，在進行銷售時，談判可說是一種總體策略布局，所要考慮的角度比溝通、辯論來得多，是屬於不同的層次。

○ **談判技巧補充**

如果你打算有10萬要讓步……

幅度：分四次，甲、乙、丙三種讓步方式，請問你會選哪一種？

甲：4 → 3 → 2 → 1

乙：2.5 → 2.5 → 2.5 → 2.5

丙：1 → 2 → 3 → 4

答案是甲，用由大而小來告訴對方你已經到底了。

次數：一般是三到五次最佳。談判千萬不能一次全部讓出，就算是真的，對方也不信；也不要好戲拖棚，一次又一次，不停的小退讓，會讓人覺得誠意不足。

間隔：要掌握好節奏。不要太急，間隔如果很快，代表你剛剛是不誠實的；也不要太久，怕會無法談成。

最近剛好華航與機師在談判，很明顯的，勞資雙方都有談判經驗，他們的退讓幅度由大到小，次數分三到四次，其中還故意談成僵局，且間隔沒有太快或太久，正好回應到談判法的一句訣：**談判如演戲，不演還不行！**

18 成交法
沒有成交，一切都是多餘

工具 ▶▶ 成交 18 招

目的 ▶▶ 藉由成交話術，引發對方的決定，進而達成銷售的目標

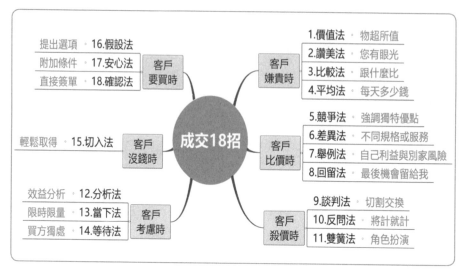

　　當談判演完戲之後，接下來就會進入短兵交接，來到銷售的最後一哩路～成交。坊間關於成交話術有很多不同的套路，為便於讀者吸收運用，筆者依時間流分成六大類，分別是：**客戶嫌貴時**、**客戶比價時**、**客戶殺價時**、**客戶考慮時**、**客戶沒錢時**、**客戶要買時**，再往下逐一開展出【成交18招】。

　　成交話術跟談判技巧一樣，都是以改變客戶的心理認知為主，在進行完前一技的談判後，若能搭配成交話術，會更具銷售威力，讓你銷售之路更上層樓。有關這18招成交話術，分類介紹如下：

一、客戶嫌貴時

➤ 價值法〔第1招 — 物超所值〕

　　當客戶嫌貴時，其實不一定是嫌貴，而是在想到底值不值。所以，

只要讓客戶覺得價值＞價格，心裡頭的認知就算過關了。

➤ 讚美法〔第2招 — 您有眼光〕

基本上，好東西＝價格貴＝有眼光，所以稱讚客戶有眼光，可瞬間化解他嫌貴的心態，就像名車是不能亂降價的，因為降價就無法顯出他的眼光及品味。

➤ 比較法〔第3招 — 跟什麼比〕

通常嫌貴，就要幫客戶找到心理的平衡點，例如嫌賓士貴，就問他跟什麼比，後然拿一個更貴的保時捷跟賓士比，讓他取得心理平衡點，認知就會改變。

➤ 平均法〔第4招 — 每天多少錢〕

一般產品都有其使用壽命，客戶嫌貴時，可以用時間來平均稀釋，自然就不會覺得貴。例如某樣產品要用10年，若價格是5萬，那麼一年就是5千，再除於12個月，就變得微不足道了，這跟20年房貸是同樣的道理。

二、客戶比價時

➤ 競爭法〔第5招 — 強調獨特優點〕

當客戶拿A跟B比，說A比較貴時，只要把A跟B放在一起看，提出A價值＞B價值，自然會過關。競爭法跟第一招價值法很像，只是此處有既定的競爭者做比較。

➤ 差異法〔第6招 — 不同規格或服務〕

差異法是競爭法的延伸，進一步點出差異的細節，特別是對產品規格及服務內容會細細比較的客戶。

➤ 舉例法〔第7招 — 自己利益與別家風險〕

舉例法可分成兩路：一路是正面舉例，訴求自己的利益（追求快樂）；一路是負面舉例，暗示別家的風險（逃避痛苦）。例如，「某客戶用了我們家的食品，小孩長得健康強壯。」這是正面舉例；「某某企業

買到不好的電腦主機,在年底客戶總結帳時大當機,給公司帶來巨大的損失。」這是負面舉例。

使用正面舉例或負面舉例,要看當下你的競爭態勢是居上風或下風。居上風就直接正面舉例,讓客戶快樂;居下風就轉為負面舉例,讓客戶害怕。至於用法是否有一定規則,還是要看當下情境而定。

➤ 回留法〔第8招 — 最後機會留給我〕

這招的靈感來自賣車的學員,他說每一次客人來到店裡,看完車,報完價,之後有很高的比例都不會再回來,就算是一樣的價格,客人也會在最後一家停留購買。這牽涉到人類的心理學,這麼多賣方,不好好比完一輪,是不該下單的,因為貨比三家才不會吃虧。

解法是,我們並不需要當場降價給他,因為他只會拿你的價格去壓別家,然後一樣也不會再回來。要知道客戶比價是常態,重點是如何能讓客戶再回來,給你這最後的出價機會。後來學員跟我說,只要在客人準備離去時,多加一句:「請您一定要再回來找我,我一定讓您滿意。」回頭率就真的變高了。

這個答案很簡單,因為如果你沒有懇求客戶回來,客戶若是真的再回來找你,他會覺得沒面子。所以,何不幫客戶製造一個下台階,讓他很自然再回來找你呢?

三、客戶殺價時

➤ 談判法〔第9招 — 切割交換〕

可參照137頁【談判9式】中的切割法,切割法用在客戶殺價時,特別有用。

➤ 反問法〔第10招 — 將計就計〕

有時客戶殺價,正好落入你的可承接區塊,不要急於 Say yes,不妨很委曲的問客戶,「是否這個價格就會願意接受?」做一個順勢的反拋球動作,以準備下一回合的成交。

➤ 雙簧法〔第11招 — 角色扮演〕

有些客戶會有種心理，希望能買到主管的讓價權限，這時主管就得出場唱雙簧了。這招有正反兩招，正招就直接順勢降價承接；反招可當場抱怨業務怎麼自行降價，讓客戶覺得原來業務對他那麼好，然後再勉為其難地答應降價承接。

四、客戶考慮時

➤ 分析法〔第12招 — 效益分析〕

有時客戶進入考慮，是因為想好好分析，怕自己一下子沖昏了頭。很多成交也都敗在這裡，答案很簡單，買東西需要衝動，而冷靜正好是抑制衝動的良藥。

這時可以好好分析給客戶聽——表面是分析，其實是另一種要他「繼續不理智」的動作——讓客戶覺得他已經面面俱到的評估完成。最常用的分析技巧，就是**讓好的關鍵字比壞的關鍵字多一點**。

例如：「是的，理財是讓你感覺到『花錢』，但卻換來了『強迫存款』、『財富升值』、『抵抗通膨』、『人生保障』。」在使用的關鍵字中，壞的比好的是1比4。關鍵字是有重量的，會讓客戶很自然覺得經過「分析」後，好的多於壞的，但其實那四個好的可能是同一件事，只是不同說法而已。

➤ 當下法〔第13招 — 限時限量〕

限時限量，就是要製造客戶「可能錯過」的急促感。2018年的電信業499價格之亂，有人吊點滴去排隊，就是一例。其實明眼人一看就知道，最終活動會持續，各家全面開戰，只是業者抓住民眾「過了這個村，就沒那個店」的心理而已。

➤ 等待法〔第14招 — 買方獨處〕

買東西，總得讓人家討論一下，想一下。各位有沒有這種經驗，正在試衣服，旁邊店員一直問東問西，就乾脆不買了？其實不用去驚擾客

人，只要保持微笑，不急躁，安心等待，該上鉤的自然會上鉤。

五、客戶沒錢時

➤ 切入法〔第15招 — 輕鬆取得〕

有一次，我在寵物店看到一對母子為了買狗而爭吵，媽媽嫌養狗麻煩，兒子硬要抱回家養，後來店員說：「就先帶回去吧，不喜歡再送回來。」媽媽當然說好，先滿足兒子再說，或許養幾天就膩了。結果幾天後，是媽媽想要養，因為人跟狗是會發生感情的。

在這類事情上，我也吃過大虧。家裡面的水電換修，我想在住家附近找個長期配合的水電師傅，就找了一個貌似忠良的店家，一開始他都來免費檢查，之後相談甚歡，我就不疑有他，一次又一次豪爽的更換燈管與家電……多年後才發現，他的報價是其他家的兩倍，損失慘重。

這件事告訴我，在商場上，不要過於相信別人的「無端好意」，其中可能潛在了一些企圖，所以客戶說他預算不夠時，可以先請他買個小東西試用。如果是賣車，就是免頭款零利率，直接開回家之類的。

六、客戶要買時

➤ 假設法〔第16招 — 提出選項〕

假設法可用在客戶已經要買的時候，簡單來說，就是讓生米煮成熟飯。例如：「請問這個貨何時要送？要什麼樣的顏色？車要登記誰的名字？」過去我曾用過一次險招，跟採購說使用者要先應急，然後跟使用者說採購讓我們送一台給他們先試用，之後就順理成章的成交了……

➤ 安心法〔第17招 — 附加條件〕

要簽單的時候，有時需要給客戶「穩贏」的感覺，此時不妨給個安心條款，例如買貴退差價之類，或承諾給予什麼樣的服務，白紙黑字，會讓人更放心。

➤ 確認法〔第18招 — 直接簽單〕

這一招堪稱經典！記得我第一次買進口車時，那時市價約207萬，

業務遞給我一張空白訂單，要我自己填價格。因為本就有點想買，我當然很不客氣的寫190萬，結果那業務跟我說：「陳老闆，不要這樣啦，這是舊款的尾盤價，這樣子好了，市價207萬，今天你人都來了，我給你205萬，我就真的簽了。」

　　請問，這一招狠在哪裡呢？關鍵就在那一張訂單。其實我也知道不會以190萬成交，但我寫190萬時，已經在心裡頭不知不覺中種下了成交心錨，非買不可了。

案例 ▶▶ A牌轎車銷售案例
　　A牌轎車一直是國內的第一品牌，我把18招成交話術串成一個A牌轎車的銷售故事，這樣更有助於讀者體驗與理解。故事乃虛構的，若有雷同，純屬巧合。
客戶：A牌車要價80萬，太貴了啦！
業務：〔1.**價值法**〕因為A牌車品質好，物超所值。
客戶：儘管如此，還是太貴了啦！
業務：〔2.**讚美法**〕您就是這麼有眼光，一眼就看到我們A牌是好車。
客戶：A牌車，我是有喜歡，不過80萬真的有點貴。
業務：〔3.**比較法**〕請問是跟什麼比？跟其他國產車，是小貴了點，但比起進口車，我們的價格就實在太優惠了。
客戶：跟B牌國產車比，足足貴了4萬！
業務：〔4.**平均法**〕您算一下，一部車要開個10年吧，平均一年多出4,000元，除以12個月，每月只要多個300元，等於一天10元銅板，您就能在這10年間享受一台最超值的好車，這還不包含安全保障，以及帶來的尊榮，舊車轉賣殘值，根本就是賺到……
客戶：但A牌車跟B牌車比，真有比較好嗎？
業務：〔5.**競爭法**〕我們A牌車，品牌第一，妥善率第一，您一定會喜

歡的。

客戶：還有其他不一樣的地方嗎？

業務：〔6.**差異法**〕除了妥善率，規格及檔次也都不一樣，而且服務等
級更是不一樣喔！

客戶：但有朋友說B牌也不錯耶！

業務：〔7.**舉例法**〕我有個客戶也是這樣說，後來他真的去買，之後很
後悔，因為車子不穩定，服務也做得不好，很慘。

客戶：但一樣是A牌車，你報價好像比別家貴。

業務：〔8.**回留法**〕這樣好了，麻煩您幫我去比比價格，到最後請您務
必再回來，我會根據您探到的價格，跟公司做爭取，也會提供給
您最好的服務，一定要回來喔！

客戶：再降我5萬，我就跟你買！

業務：〔9.**談判法**〕這樣吧，一樣車價，我給您6萬的贈品，如何？

客戶：我還是比較想要降5萬。

業務：〔10.**反問法**〕您的意思是再降5萬，您就會買嗎？

客戶：是的，我願意好好考慮。

業務：〔11.**雙簧法**〕這價格已經到我老闆的權限了，您如果喜歡，容我
去跟我老闆大力爭取。

客戶：不過，我還得回去跟我太太商量，再想一想……

業務：〔12.**分析法**〕好的，其實如果有喜歡，真的可以買。您想想看，
雖然您需要花80萬，但是從此它就帶來了高貴、安全、方便、
樂趣，整個人生也因為這樣而升級了。當人生升級，能量一高，
工作就順利，就會賺到更多的錢……

客戶：好像也對。

業務：〔13.**當下法**〕其實喜歡這部車的話，真的可以買，而且您要的顏
色也快賣完了，何不及時圓夢呢？

客戶：我還是得跟我太太商量一下……

業務：〔14.**等待法**〕好的，您們慢慢討論，慢慢考慮，畢竟是個大事，
　　　若有任何問題，歡迎隨時找我。

客戶：但是我在資金上有點短缺……

業務：〔15.**切入法**〕關於這點，我可以幫您跟貸款部門爭取零利率分期
　　　如何？只要10萬頭期款，這車子馬上開回家。

客戶：嗯，看來不錯……

業務：〔16.**假設法**〕請問您車子要什麼顏色？要登記的名字？

客戶：白色，登記太太名字。因為我工作較忙，將來可否來幫我送車去
　　　保養？而且我很需要車子，若出險期間，可否提供代步車？

業務：〔17.**安心法**〕當然沒問題，都會附加寫在訂購單上面。

客戶：好的，您的服務真好。

業務：〔18.**確認法**〕最主要是要您買得開心，開得安心。訂購單就在這
　　　裡，請您在上面簽個名，這樣就可以了，再度恭喜您圓夢成功！

King 老師即戰心法補帖

○ 要按照順序出招嗎？

成交18招的話術順序，是為了幫助讀者吸收與記憶，真正在應用時，順序
當然會隨著客戶的詢問而有所不同，且其中很多招式可重複使用。例如價
值法在很多地方都用得上，不一定只用在客戶嫌貴時，在客戶比價時、客
戶殺價時也都適用。

一開始可先紮穩馬步，順著流程，一招一式慢慢體會及應用，等到融會貫
通，自然就能隨意出招了。

○ 賣東西，要因人而異

運用成交18招時，要先判斷客戶屬於哪一類型的人，一樣米養百樣人，賣
東西要因人而異。

下面分類選項是我的整理歸納，提供參考：

關係： □生客賣禮貌

□熟客賣熱情

性子： □急客賣效率

□慢客賣耐心

財力： □沒錢賣實惠

□有錢賣尊貴

態度： □小氣賣利益

□豪客賣仗義

□挑剔賣細節

□隨和賣認同

□猶豫賣保障

追求： □專業賣內涵

□享受賣服務

□時尚賣品味

□虛榮賣榮譽

基本上，每個客戶都是這五種分類的綜合體。例如，門市來了一個看車的客人，跟他聊過後，判斷出：

他是個**生客／慢客／有錢／挑剔／虛榮**的人，

那就用**禮貌／耐心／尊貴／細節／榮譽**來治他。

（讀者可以自行勾選組合與應變）

19 催眠法
利用暗示話術，引導對方意念，進而達到目的

工具 ▶▶ 催眠9式

目的 ▶▶ 藉由催眠語言，在無形之中說服客戶，加速客戶的行動

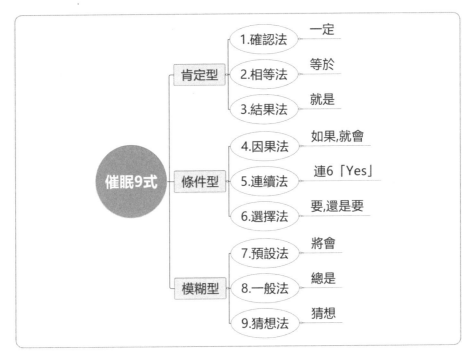

　　所謂催眠話術，就是利用暗示，說出某些「特定用詞」，引導對方意念，使其處於高聽話度狀態，進而達到你自己的期望。催眠的相關話術很多，研讀及理解不易，所以筆者就「特定用詞」，簡單分為**肯定型**、**條件型**、**模糊型**，讓讀者能迅速套表應用。

　　在銷售過程中，加入這些催眠用詞，會讓銷售更快速、更順利，尤其是最後的成交簽約階段，一定不可以讓客戶「醒」過來。這些分類，一來是平均狀況，二來是幫助讀者快速理解，當真正在使用時，不一定要這麼死板。以下依類型簡單介紹【催眠9式】：

一、肯定型

肯定型的催眠用詞，一般是對比較隨和的人。既然是隨和的人，一定較容易相信別人，也易於接受他人指令，所以就給予直接的肯定句。肯定型的用詞有以下三種：

1. 確認法→**一定**。
2. 相等法→**等於**。
3. 結果法→**就是**。

二、條件型

條件型的催眠用詞，一般是對比較理智的人。既然是理智的人，一定較喜歡邏輯或推理，才會接受他人指令，所以就給予間接的條件句。條件型的用詞有以下三種：

1. 因果法→**如果，就會**。
2. 連續法→**連6「Yes」**。（一般人的大腦若經過六次的Yes確認，第七次就會進入自動Yes確認模式）
3. 選擇法→**要，還是要**。

三、模糊型

模糊型的催眠用詞，一般是對比較有主張的人。既然是有主張的人，一定較喜歡以自我判斷為主，操作方式就是讓他自己催眠自己，所以用詞需要模糊，讓他自己「對號入座」。模糊型的用詞有以下三種：

1. 預設法→**將會**。
2. 一般法→**總是**。
3. 猜想法→**猜想**。

案例 ▶▶X牌汽車業務的催眠話術

其實人都是有潛意識的，潛意識可以透過催眠話術被喚起。買一部好車，常常是很多人的夢想，所以汽車業務多使用催眠話術，會為你的銷售加分。

賣車話術參考如下：

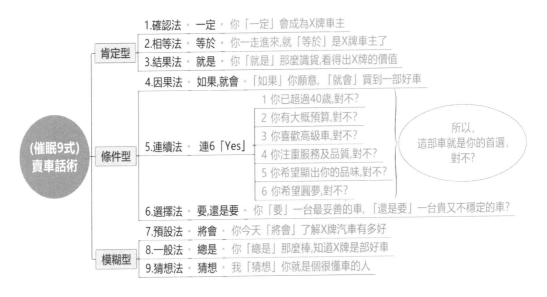

肯定型
1.確認法・一定・你「一定」會成為X牌車主
2.相等法・等於・你一走進來,就「等於」是X牌車主了
3.結果法・就是・你「就是」那麼識貨,看得出X牌的價值

（催眠9式）
賣車話術

條件型
4.因果法・如果,就會・「如果」你願意,「就會」買到一部好車
5.連續法・連6「Yes」
　1 你已超過40歲,對不?
　2 你有大概預算,對不?
　3 你喜歡高級車,對不?
　4 你注重服務及品質,對不?
　5 你希望顯出你的品味,對不?
　6 你希望圓夢,對不?
　所以,這部車就是你的首選,對不?
6.選擇法・要,還是要・你「要」一台最妥善的車,「還是要」一台貴又不穩定的車?

模糊型
7.預設法・將會・你今天「將會」了解X牌汽車有多好
8.一般法・總是・你「總是」那麼棒,知道X牌是部好車
9.猜想法・猜想・我「猜想」你就是個很懂車的人

King 老師即戰心法補帖

⊃ 催眠話術也可用在生活中

有一次兒子考試考不好，我大聲斥責他，問他到底是什麼原因？他跟我說了一些話，讓我反省很久，也在小孩身上學到很寶貴的一課。

他跟我說，他一直不太有自信，是因為有一次他沒倒垃圾，我罵他：「你就是這麼的差勁，將來出社會一定是個敗類！」從那一次起，他就一直覺得自己是個沒有用的人……。如果我當時說：「你就是那麼聰明的小孩，好好把這件事做好，你將來一定會成功。你要選擇成功，還是要失敗呢？」

有道是「良言一句三冬暖，惡語傷人六月寒」，一個當企業講師的人，天天在鼓勵學生，卻無法好好鼓勵身邊最親近的人，這對我是一個多麼寶貴的教訓。用催眠用詞正面鼓勵他人，是這個世上最寶貴的禮物，就從身邊的人做起吧。共勉之！

20 管理法
客戶如朋友，是有分等級的

工具 ▶▶ 客戶 4 管理

目的 ▶▶ 透過客戶分類，找到最佳化銷售管理策略

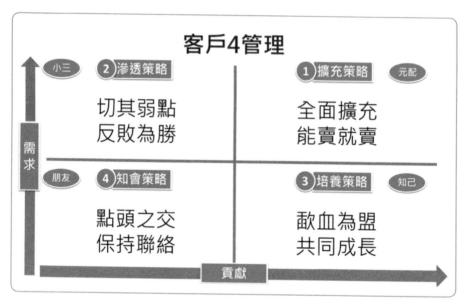

只要是從事業務工作的人，手上都會分配到一些客戶，可能是行業區分，可能是地域區分，也可能是隨意分配。問大家一個很簡單的問題，你對待每個客戶的手法，都是一樣嗎？

因為書上沒有寫，老闆沒有教，自己也不曾想過，只要是客戶，應該殷勤對待就對了。

如果是這樣，那就錯了！朋友都會有分類和等級，客戶怎麼會沒有呢？【客戶4管理】是我在外商當主管時，領悟到的客戶管理之道，各位一定要好好體會！

首先，你要依客戶的需求大小和貢獻高低，把客戶交叉分成四類，然後進一步做差異化管理。在此先把需求及貢獻做個簡單說明：

需求：就是**客戶的預算或採購金額大小**，通常會以年度計算。

貢獻：就是**客戶對你的年度採購金額**／年度總採購額，可說是「荷包佔有率（Pocket share）」，也是一種「忠誠度」的表現。

以下舉例說明這四類客戶的特性及策略：（為了容易理解，我用元配、小三、知己、朋友來解說比喻，若有輕浮之語，尚請見諒）

一、買方需求大，貢獻高（賣方角色：元配）

- **特性：大而忠**

這類型客戶需求度大，預算大，屬於有錢的客戶。而他對你的貢獻度高，也就是忠誠度高、佔有率高。

- **策略：擴充策略（全面擴充，能賣就賣）**

舉個例子，某個客戶平常消費大部分都在7-11便利商店，這個客戶就是老公，元配是7-11便利商店。元配的做法是採用擴充策略，老公要什麼，就盡量給他什麼，所以你會看到7-11便利商店（元配）不斷引進新東西，吃喝玩樂，應有盡有，就是要全面滿足客戶（老公），讓他沒有機會跑去別家便利商店消費。

二、買方需求大，貢獻低（賣方角色：小三）

- **特色：大而不忠**

這類型客戶需求度大，預算大，屬於有錢的客戶。而他對你的貢獻度低，也就是忠誠度低、佔有率低。

- **策略：滲透策略（切其弱點，反敗為勝）**

舉個例子，維士比剛上市時，當時保力達已成功經營出檳榔攤及所有實體通路，任何競爭者想要切進這個市場，檳榔攤及經銷商就會遭到保力達的施壓。如果這些喝藥酒的人是老公，維士比一開始的處境就是小三，保力達是元配，這些喝藥酒的男人，只有在買不到保力達時，才來喝喝維士比。而維士比（小三）跨越保力達（元配）護城河的方式，並不是直接去挑戰保力達，而是採用迂迴滲透，既隱密又有效。

因為維士比觀察到，許多工地工人上班時間想喝保力達，就得溜去檳榔攤買，手腳一定要快，才不會被老闆發現翹班。算準這個需求，維士比一開始就不進檳榔攤通路，反而開闢比檳榔攤更方便的貨車直送，把一輛載著滿滿維士比的貨車直接開到工地，向工人推銷「和保力達口味差不多，但價格更便宜」的維士比，甚至提供試喝，這一招立刻讓許多工人買單。

　　這些貨車都在工地來回穿梭，具有移動快、不易被對手發現的特性，且對工人來說，方便性十足。當保力達發現鋪貨量減少時，一時間還找不出「元凶」，也不知道如何反應，等到驚覺事態嚴重，大片江山已經丟掉三成。

　　更麻煩的是，勞工朋友在接受了維士比的口味之後，開始主動向檳榔攤通路指名要買維士比。從終端市場逆向發出的需求力道，逼得檳榔攤主動要求維士比鋪貨，再順勢搭上周潤發的廣告「福氣啦！」，維士比終於奇蹟式逆轉勝，一舉領先保力達，這一仗在行銷歷史堪稱經典。

　　筆者拆解這個案例箇中緣由，維士比在工人心目中的地位就是小三，而小三上位最佳方法就是滲透策略，找到元配顧不到的地方，努力低調經營即可。原因何在？

　　讀者不妨回想很多小三高調跟元配搶食大餅的下場，絕大多數都是大敗而回，因為當你高調挑戰時，元配自然會警覺而全力反擊；相反的，如果小三很低調、貼心、小心經營，不吵不鬧，百般溫柔，當情郎開始動心，再等待時機成熟，全力反攻，就可能逆轉勝一舉攻下，取而代之而成為元配。

　　我在前公司服務時，有一間很大的銀行，年度需求很大，卻一直不在我們的主力名單內。有一次，我就很好奇的問屬下，為什麼這麼大的客戶，卻不是我們的主力名單呢？她的回答是：「因為這銀行對我們的採購量不大。」我馬上跟她說：「不是客戶小，是妳做得小！」

她當時跟我解釋，過去曾努力進攻過幾次，但任何試圖要進去的競爭者，都會被主力供應商大力擊退，乾脆就放棄算了。後來我建議屬下對這家銀行採取滲透策略，一開始專做主力廠商不做的那一小塊，很認真的把它做好；同時一面說服客戶，我這個小三的存在，剛好可以制衡元配的驕縱，兩家爭寵，客戶才是最大的贏家。

慢慢的，客戶終於割出一些原本屬於主力供應商的生意，到最後我們的佔有率竟然勝出原主力供應商，而當主力供應商（元配）警覺時，為時已晚，我們已坐穩江山。

三、買方需求小，貢獻高（賣方角色：知己）

● 特色：小而忠

這類型客戶需求度小，預算小，屬於沒錢的客戶。但他對你的貢獻度高，也就是忠誠度高、佔有率高。

● 策略：培養策略（歃血為盟，共同成長）

以前有家社區型單點的3C門市，對我的前公司忠誠度很高，除非客戶硬指名要別家品牌，他都只賣我前公司的3C產品。儘管如此，實際營業額仍然很低，因為他就那麼一家店面。像這類型的通路，就是要把它玩大，鼓勵他多開店面，當他的知己，用心培養他、協助他，當它變大，你的營業額自然也跟著變大。

四、賣方需求小，貢獻低（賣方角色：朋友）

● 特色：小而不忠

這類型客戶需求度小，預算小，屬於沒錢的客戶。而他對你的貢獻度低，也就是忠誠度低、佔有率低。

● 策略：知會策略（點頭之交，保持聯絡）

這類型客戶，可能是一般長尾客戶，我們就當他朋友就好，隨時用郵件或通訊軟體聯絡他，或用Tele-Sales（電話行銷）照顧他，偶爾發動一些促銷，順其自然就好。

案例 ▶▶ 電信公司的銷售管理

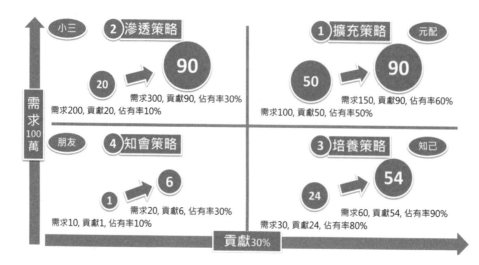

上圖是某一家電信公司的客戶管理矩陣，以四個客戶做取樣，矩陣區塊內箭頭左邊是去年狀況，箭頭右邊是今年的目標，需求以100萬為大小分界，貢獻以佔有率30%為高低分界（這部分可依照各公司自行定義）。

我還記得那是一門為公司主管開的銷售管理課程，除了指導主管們策略式銷售流程之外，還要指導他們如何對屬下做銷售管理。我告訴他們，做銷售管理，除了要看業務手上案子夠不夠多之外，另一個就是要進一步做客戶分類管理，而【客戶4管理】就是客戶分類管理的最佳工具。

其重要順序是❶→❷→❸→❹，但關注順序為❷→❶→❸→❹，也就是說象限❷才是公司最需要去關注的客戶，因為象限❷生意需求很大，且因佔有率低，潛在成長機會最大。關於這一點，主管必須牢記，絕大部分的業務不會拿磚頭砸自己的腳，象限❷的客戶越多，業務的壓力越大，主管要正面鼓勵員工，多多去挑戰這類客戶，贏則有功，輸則無過，這樣才是個正向的戰鬥單位。

另外，這也是一個目標設定的方法，如下圖：

公司名稱	管理定位	去年			今年		
		客戶	自己		客戶	自己	
		需求	貢獻(績效)	佔有率	需求	貢獻(目標)	佔有率
A	1	100	50	50%	150	90	60%
B	2	200	20	10%	300	90	30%
C	3	30	24	80%	60	54	90%
D	4	10	1	10%	20	6	30%
加總 (佔有率除外)		340	95	28%	530	240	45%

➲ 佔有率＝貢獻（績效）÷ 需求。

目標設定的重點，就是每家客戶的市佔率要提高（也就是成長速度大於對手）。這是一種相對性的概念，這樣對所有的業務才是公平的，甚至應該拿出更多的資源，去鼓勵主動攻打象限❷的員工。

King 老師即戰心法補帖

➲ 銷售，就是要有客戶

只要談到銷售，就一定要提客戶名單，而這些客戶名單，需要經過分類，再根據分類採取最適合的策略，這才是一個優秀的業務人員或主管該具備的思維。

所以通常在授課時，我都會問業務三個問題：

Q1：你們客戶名單在哪裡？

一般回答：客戶名單，就是過去有買過的，以及未來隨機被分配到的，或轉介紹的。

Q2：你們客戶怎麼經營管理？

一般回答：就是隨時保持聯絡，有空去看看他們。

Q3：你們客戶目標怎麼設定？

一般回答：去年乘上 1.1，就是今年目標啊！

其實，這三個問題，答案都在【客戶 4 管理】。

再告訴各位一個秘密，要成為 Top Sales 並不難，因為大多數的業務或甚至主管，並不知道這個客戶分類管理工具！

恭喜您，您知道了！

21 銷售整合～策略式銷售3大流程
照著流程走,你就變高手

案例 ▶▶ King老師對某科技公司之銷售課程提案

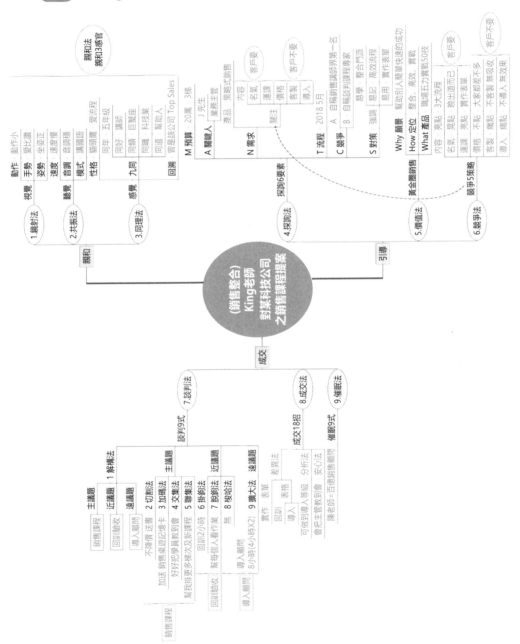

161頁這張銷售整合心智圖，藍色部分就是案例內容。這是一個真實的銷售提案，客戶是某一家科技公司的人資主管。希望各位出門對客戶提案時，能先將整個【策略式銷售3大流程】走一遍，如此才會大大提高勝算。

一、親和

試著與人資主管同步視覺、聽覺、感覺。

➤ 親和法 — 親和3感官

- **鏡射法**：視覺同步→動作小，愛比讚，坐姿端正。
- **共振法**：聽覺同步→說話速度慢，音調穩，講國語。
- **同理法**：感覺同步→〔性格〕屬貓頭鷹，愛流程，愛細節；〔九同〕同年（都是五年級），同好（他是內部講師），同類（同為巨蟹座），同職（同樣任職科技業），同道（都喜歡透過演講幫助別人）；〔回溯〕他曾經是該公司頂尖銷售人員，每每提起此事，神情總顯得格外自豪。

二、引導

當客戶開始信任你時，就開始進行引導的動作。

➤ 探詢法 — 探詢6要素（M.A.N.T.C.S.）

- **M預算**：本次預算約20萬，分為中、南、北三梯次。
- **A關鍵人**：就是人資主管 J 先生及相關被授課單位的業務主管。
- **N需求**：分為產品需求與關注需求（須排序）。

  產品需求→策略式銷售。

  關注需求→按內容、名氣、運課、價格、客製、導入排序。因此被分為兩類：

    ✓ 客戶要：內容／名氣／運課。

    ✓ 客戶不要：價格／客製／導入。
- **T時程**：2018 年 5 月。

- **C競爭**：A老師→自稱銷售講師界第一名；B老師→自稱是談判課程專家。
- **S對策**：回到King老師的定位，強調→易學（整合門派）、易記（高效流程）、易用（實作表單）。

➤ 價值法 ── 黃金圈銷售

- **Why願景**：King老師的終生志向→幫助別人簡單、快速的成功。
- **How定位**：King老師的教學定位→整合、高效、實戰。
- **What產品**：King老師的指導課程→職場五力實戰50技。

➤ 競爭法 ── 競爭5策略

內容：〔亮點〕秀出策略式銷售3大流程。（客戶要，自己強）

名氣：〔晃點〕晚出道而已，其實我很專業。（客戶要，自己弱）

運課：〔亮點〕秀出實作表單。（客戶要，自己強）

價格：〔不點〕（客戶不要，自己沒更強，一般報價都差不多）

客製：〔痛點〕不客製，便無法吸收。（客戶不要，自己強）

導入：〔痛點〕不導入，便沒有效果。（客戶不要，自己強）

三、成交

當順利引導完之後，就全力進入成交。

➤ 談判法 ── 談判9式

- (1) 解構法

將議題先界定好，分為主議題（銷售課程）、近議題（回訓驗收）、遠議題（導入顧問）。

〔主議題〕

- (2) 切割法

客戶：關於課程價格，能否再便宜一些？

King：價格無法再低了。我們可提供一人一本書，以利課後的複習。（贈書換價格）

- (3) 加碼法

　客戶：我能理解，但預算真的有些問題……

　King：這樣，我們加值但不加價，再贈送超值的桌遊記憶卡，以
　　　　利課後記憶。（再加碼換價格）

- (4) 交集法

　客戶：價格如果下不來，可能無法下單。

　King：我們共同議題是好好把學員教到會，其他都很好商量。

- (5) 聯集法

　客戶：如果有機會合作，價格真的要努力啦……

　King：沒問題，到時要幫我多排幾梯，或列為貴公司標準課程，
　　　　我來努力把價格重新估算一次……

〔近議題〕···

- (6) 掛鉤法

　客戶：儘管如此，別家公司價格確實低一些……

　King：那麼，這個課程如果成功合作，我免費提供回訓2小時，
　　　　這才是貴公司最需要的東西……

- (7) 脫鉤法

　客戶：那……可不可以幫我們所有學員看課後作業。

　King：這樣可能多了點，可否每組給一份最具代表性的就好。

- (8) 梭哈法

　（無，目前沒有梭哈的籌碼）

〔遠議題〕···

- (9) 擴大法

　客戶：我這邊是沒問題啦，但我老闆真的很難談，有什麼建議？

　King：這樣，我再幫你一個，你跟你老闆說，到時候如果要再深
　　　　度導入，我可以用培訓的價格，做導入顧問的服務等級，

兩個下午各4小時，就課後的第一個月及第二個月。

客戶：好，就這麼辦，King老師就等我好消息。

➤ 成交法 — 成交18招

在心裡先想好幾個成交的重要招式，當然在面對面實戰時，可能會因為客戶的出招而臨機應變。以下針對這個客戶先挑出三招：差異法、分析法、安心法，這三點要在談判完之後，不停的拿出來強調。

- **差異法**：表單實作，表格回訓導入。
- **分析法**：可做到導入之等級，別人沒辦法。
- **安心法**：會把主管教到會。

➤ 催眠法 — 催眠9式

我常喜歡使用等號說法，所以就把自己跟百億銷售顧問，大力的劃上等號——「陳老師＝百億銷售顧問」。

King老師即戰心法補帖

⊃ 實際銷售時，一定要照策略式銷售3大流程來運作嗎？

我的答案是：不一定！

3大流程的設計，是為了讓大家在學習上，有個紮馬步的學習流程架構。

實際運作，有時可能會跳過幾個流程，有時會倒帶重複其中幾個流程，隨著當下的進行就可以，總不會已經可以進行成交了，你還硬要進行黃金圈價值銷售吧？

只要熟悉這整個流程，到時候你自然會運用自如，完全不會有問題。加油！

有了邏輯力及形象力，才是頂尖業務！

我在職場24年了，其中85%以上的日子都在擔任領導管理工作，深知培育人才的重要，與複製人才的困難。而在領導者的位子上，普遍也觀察到兩件事，是職場的Top sales們可以再進階的。

首先，是「邏輯力」。

職場Top Sales通常都很擅長應變，遇到各種突發狀況，也能快速見招拆招，但往往一身本領，卻少了系統化、邏輯化的輸出或複製。於是，很難永保Top Sales的地位，他日升官，更不容易傳承給團隊。然而，陳國欽老師的《一學就會！職場即戰力》將「成交」的Know-how，歸納為一套思維邏輯【成交18招】，系統分類出各種成交可能遇到的狀況與解法，讓我眼睛為之一亮，用在我的銷售管理中，簡直是如獲至寶。

接著，是「形象力」。

有實力的人，經常會覺得內在有實力就夠了，而往往忽略了「眼睛」、「耳朵」才是人類接收訊息的重要途徑。換句話說，得先看起來順眼、聽起來順耳，才有可能順心！外在的形象力，包含衣著、口語魅力、臉部表情、肢體語言等，是溝通非常重要的一環，而這也是我後來會選擇加入深耕形象管理23年的領導品牌——Perfect Image 陳麗卿形象管理學院之因。

陳國欽老師與陳麗卿老師的共通點，在於他們都致力於幫助職場工作者，工作遊刃有餘，達標從容不迫，成功水到渠成，生活如沐春風。他的新作《一學就會！職場即戰力》，除了銷售能力大躍進之外，包括思考力、溝通力、企劃力、領導力也都全面提升，不只要拜讀，甚至要背下來，才能隨時出招。祝福所有讀者，心想事成！

—— Perfect Image 陳麗卿形象管理學院 執行長

林佳宜

••••••◆••••••

欲練神功，無須自宮！

企業訓練的本質是「學習」與「成長」，訓練規劃如何結合公司發展策略、年度營運計劃與員工個人發展，則是身為公司訓練單位負責人首

要當責任務。想要維持增進組織效能，就必須以新的知識、技能及態度來面對新的環境，才有可能讓企業永續經營；而要使員工有新的知識、技能及態度，企業就必須給予必要的優質訓練。

在本公司年度關鍵績效指標中，提高目標產品銷售業績是單位組織主要指標之一，而為讓銷售同仁提升產品市場的銷售能力，並掌握面對客戶的談判技巧，使其銷售力更加精進，我們啟動公司課程遴選機制，規劃優質訓練課程，在嚴謹的遴選過程中，陳國欽（King Chen）老師脫穎而出，所有課程遴選委員一致給予King老師最高評價，邀請他來本公司授課。在課前，King老師更不斷與我們聚焦，了解單位需求，深入課程設計，客製出專屬於我們公司的課程──「策略式銷售流程之規劃與執行」。之後在熱烈的反應下，更為我們設計另一課程──「整合思考於企劃流程之高效應用」，給我們行銷業務同仁帶來核心成功秘訣。

或許不是每一個人都有機會上他的課，King老師用心良苦，為了幫助職場上更多人可以運用成功方程式，

閉關創作，將他的實戰經驗融入《一學就會！職場即戰力》一書中，落實培訓的價值。

「了悟之道，是以理解為始，而非終結。」學海無涯，重在理解，融會貫通。武林中人無不追求武功秘笈，你是職場中的武林中人嗎？King老師這本書就是傳說中的武功秘笈，不同的是，「欲練神功，無須自宮」，實戰版便是打通你我任督二脈的一道真氣。

── 南亞科技 訓練發展部經理

楊建偉

‧‧‧‧‧‧ ◆ ‧‧‧‧‧‧

有銷售功夫，就可以逆轉勝！

台灣固網是目前台灣前三大電信公司之一，主要幫企業及個人用戶規劃適合的電信服務，而我是負責中大型企業的業務人員。記得我當初剛踏入這個行業，花了好長的時間才適應，因為這行業的每個案子都是客製化服務，產品複雜又艱深難懂。不瞞你說，我剛開始接觸電信業，幾乎就要放棄了，重要轉折點就是學了King哥所教授的策略式銷售，尤其是引導中的探詢法【探詢6要素～

M.A.N.T.C.S. 】。

有一個案例，歷經多個台固業務及客戶內部多次組織異動，整個案子談了約10年之久，始終就是缺了臨門一腳。在未上課之前，我也盡可能把所有資訊整合，但總是未能完成目標。上完King哥的策略式銷售後，我將所有資訊帶入M.A.N.T.C.S.，進而根據不同面向擬定對應的策略，並針對不同的執行度做調整，最後竟神奇的完成任務！也許是天時地利人和，但這也是最後進門的一球。

或許是受到King哥的影響，我突然開竅了，爾後的每一個案子，我會先把資訊帶入後再擬定策略，就可以很快分析案子的執行度。果然屢試不爽，成功複製了許多案例。而值得一提的是，今年我也取得二路國際大頻寬的線路，這是一項重大突破，也是對自己最好的肯定。

對於從事業務工作的人而言，M.A.N.T.C.S.是一個很好用的工具，可以分析案子執行與否，才不會白白浪費時間。至於它是什麼樣工具，如何運用，就請各位細細品味這本書嘍！

——台灣固網 資深業務代表

黃紫媗

· · · · · · ◆ · · · · · ·

專注完美，近乎苛求！

說起King老師跟我的緣分，就得要從我爸爸說起，老師個人買了四台Lexus，從爸爸買到兒子，他是我爸爸跟我的好客戶，而且他跟我家的緣分一路延續至今，他現在是Lexus的王牌銷售講師。

自從接觸到King老師的銷售課程後，才知道原來銷售是有技術的，我之前一直以為汽車業的業務，就是很親切的接待客戶，為他們提供最好的服務就好了。上完King老師的課，令我大開眼界，竟然有：催眠式親和技巧、探詢客戶需求6要素、品牌價值黃金圈銷售、競爭5策略運用、談判9式議價、絕對成交18招……，含金量高，卻很容易消化，因為他用一張大表單將整個銷售故事化、流程化，每一式環環相扣，這就是老師最獨到的功夫。

如果用一句話形容King老師，就是跟Lexus的標語一樣～「專注完美，近乎苛求！」

——Lexus 國都士林所 銷售課長

楊逢軒

······ ◆ ······

沒有慧根，也要會跟！

　　說起King老闆，得從10年前開始說起，當時我還是他底下的一個工程師，有一天我們的對話如下：

老闆：小白，要不要當業務？

小白：你覺得我行嗎？

老闆：你行的。

小白：好啊。

　　我們之間的對話就是這麼簡單。之後我們雖然不在同一家公司，但他一直是我默契百分百的良師益友。

　　前陣子我有個連鎖便利商店5億的合約一直談不下來，就打電話向他請教。King老闆和我的對話如下：

小白：請問這個案子該怎麼贏？

King：什麼是你公司的強項？

小白：全省服務，解決方案。

King：客戶喜歡你的強項嗎？

小白：只喜歡我的全省服務。

King：這個全省服務，是「你強，他要的」，你要打亮點，告訴他，你公司全省有多少工程師，讓他更信服；至於解決方案，是「他不要，而你強的」，你要打痛點，告訴他沒有解決方案的下場，例

如無法有效控制輸出成本。

小白：但我價格比人家貴，他很在乎。

King：那就打晃點，把這個議題給模糊掉，告訴他好的服務及解決方案，才是真正的省錢。

　　果然！對方採購就決定與我們議價。後來King老闆又傳授我【談判9式】，就這樣，案子贏了，之後我就升任處長，這就是專業。

　　想加薪嗎？想升官嗎？看King老闆這本《一學就會！職場即戰力》就對了。沒有慧根，也要會跟！

　　　　　──台灣理光RICOH 業務處長

白宏文

······ ◆ ······

阿宅工程師，也能是Top Sales！

　　原本任職於科技業的我，後來跨行貿易業，專司國際古董汽車零件之開發與銷售。而對於貿易業，毫無專業知識與背景，要如何與上游工廠及下游通路議價、談判、合作，儼然成為我最重要的課題。

　　在一場King老師的職場五力銷售課程中，發現他內化整理出一套很強的銷售架構，包含了NLP、競爭、談判、成交與管理的綜合概念，因為程

序簡單易學，讓我一下子就上手，立馬用來管理製造商及全球通路。

　　現在的我，已經可以快速掌握到銷售重點，並且能用正確方法來提升工作效率，不再是那個沒自信、原地打轉、找不到工作方法與方向的阿宅菜鳥，甚至有好幾次在國際展場中，當場成功爭取到新訂單！

　　在此感謝King老師傳授我如此好的銷售技術，我還要一步步地將這本書的50個技術全部學會，在職場持續發光發亮。

——日創有限公司 業務總監

許臣君

線上看職場五力微學習

企劃力

創新式企劃 5 大流程

學會創新企劃，
在職場上就具備「不可被取代」的競爭優勢！

我記得剛投入行銷企劃工作時，常常會被很多商業語言嚇到，不管是中文還是英文，常讓我覺得好崇拜它們……

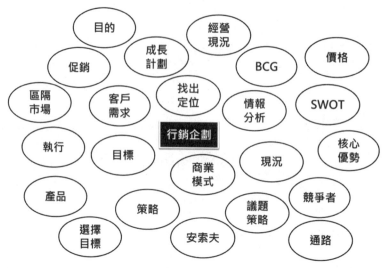

請問各位讀者，你知道哪一個在前？哪一個在後？哪一個在上？哪一個在下嗎？我相信很少人說得出來，直到我去研修了高階WBSA（世界商務策劃）的培訓課程，終於解開答案如下：

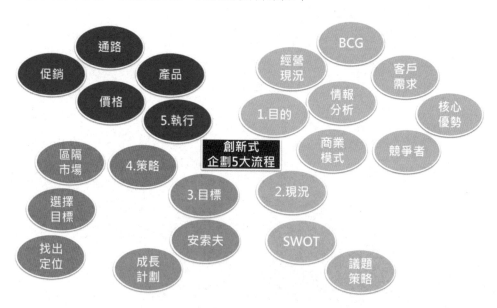

我稱之為**創新式企劃5大流程**。

為何取名為「創新式」企劃呢？因為企劃的主要目的，是幫助客戶「創」造出「新」的價值，把未被滿足的需求或潛在的需求，創造成為新的商業機會。

在企劃力這一章中，筆者將一次打通各位的企劃任督二脈，讓你輕鬆上手，說起話來像個企劃專家！

我有個學員，他跟我說要去面試一份外商的企劃工作，因為薪水不低，競爭者眾，面試前來求教於我。我跟他說：「你只要把創新式企劃5大流程背起來，包你錄取！」

結果如我所料，面試主管還跟他說，請他把這五大流程應用在將來他的企劃工作上。

在開始談創新式企劃5大流程之前，先要回到何謂企劃？各位是否還記得，第二章溝通7版型中的【企劃型】大綱為**目的、現況、目標、對策**（在創新式企劃流程中稱為「策略」）、**執行**，而這個大綱因職掌角色的不同，會往下開展成三類不同的企劃版型：

- 企業型

  可分為經營企劃型及投資企劃型。

- 商業型

  可分為行銷企劃型、產品企劃型、促銷企劃型、公關企劃型、廣告企劃型、研發企劃型、服務企劃型。

- 幕僚型

  可分為人資企劃型、訓練企劃型、財務企劃型、資管企劃型、總務企劃型、稽核企劃型、活動企劃型。

再回到左頁圈出來這一堆名詞，其實這些都屬於行銷企劃的範疇。我用174頁這張心智圖將創新式企劃5大流程細節完整呈現：

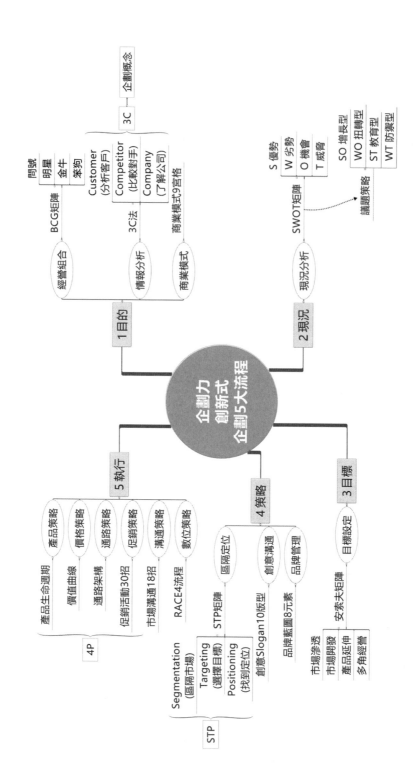

企劃力
創新式
企劃5大流程

1 目的

經營組合　BCG矩陣　問號
　　　　　　　　　　　明星
　　　　　　　　　　　金牛
　　　　　　　　　　　笨狗

情報分析　3C法　　Customer (分析客戶)
　　　　　　　　　Competitor (比較對手)
　　　　　　　　　Company (了解公司)　3C　企劃概念

商業模式　商業模式9宮格

2 現況

現況分析　SWOT矩陣　S 優勢
　　　　　　　　　　W 劣勢
　　　　　　　　　　O 機會
　　　　　　　　　　T 威脅

　　　　　　議題策略　SO 增長型
　　　　　　　　　　WO 扭轉型
　　　　　　　　　　ST 教育型
　　　　　　　　　　WT 防禦型

5 執行

4P　　產品策略　產品生命週期
　　　價格策略　價值曲線
　　　通路策略　通路架構
　　　促銷策略　促銷活動30招
　　　溝通策略　市場溝通18招
　　　數位策略　RACE4流程

STP　Segmentation (區隔市場)
　　　Targeting (選擇目標)
　　　Positioning (找到定位)　STP矩陣　區隔定位

4 策略

創意溝通　創意Slogan10版型
品牌管理　品牌藍圖8元素

3 目標

目標設定　安索夫矩陣　市場滲透
　　　　　　　　　　市場開發
　　　　　　　　　　產品延伸
　　　　　　　　　　多角經營

以下先針對這五大流程做個簡單說明，在後面的技術章節中，將會有更進一步的拆解，並在最後做一個企劃整合示範。

一、目的

- **經營組合**

  把公司所有的產品放入【BCG矩陣】，看整個經營投資組合是否健康，四個區塊分別是：問號、明星、金牛、笨狗。

- **情報分析**

  使用【3C法】（分析客戶Customer、比較對手Competitor、了解公司Company），透過對客戶、對手和所屬公司的了解，以產生企劃概念，也就是企劃的「大概」方向。為何說「大概」呢？因為得先有個基本方向，才有辦法開始動工。

- **商業模式**

  以【商業模式9宮格】為工具，描述一個組織如何創造、傳遞及獲取價值的手段與方法，其彼此之間存在著有機的連結關係：

  ❶目標客群 ❷價值主張 ❸通路
  ❹顧客關係 ❺營收　　❻關鍵資源
  ❼關鍵活動 ❽關鍵夥伴 ❾成本

二、現況

- **現況分析**

  分析企業內外之現況。運用【SWOT矩陣】，了解公司內部**SW（優勢Strength、劣勢Weakness）**和公司外部**OT（機會Opportunity、威脅Threat）**，其真正精神不在於SWOT本身，而是SW與OT交叉組合所產生的議題策略，告訴我們該採取什麼樣的動作。

  - ✓ **SO增長型策略**：客戶要，自己強。關注如何利用內部優勢，爭取外部機會。

  - ✓ **WO扭轉型策略**：客戶要，自己弱。關注如何克服內

部劣勢，扭轉外部機會。

✓ **ST教育型策略**：客戶不要，自己強。關注如何利用內部優勢，教育外部威脅。

✓ **WT防禦型策略**：客戶不要，自己弱。關注如何減少內部劣勢，避開外部威脅。

三、目標

- 目標設定

  可使用【安索夫矩陣】，以舊產品／新產品及舊市場／新市場，交叉組合出四個市場板塊，而市場板塊本身就有可被量化的本質，具備了數字及目標的元素。

  ✓ **市場滲透**：舊產品＋舊市場
    用同樣產品，在現有市場中極大化佔有率。

  ✓ **市場開發**：舊產品＋新市場
    用同樣產品，找尋不同的市場區隔或區域，複製銷售。

  ✓ **產品延伸**：新產品＋舊市場
    用新的產品，進入原有的市場，加入作戰。

  ✓ **多角經營**：新產品＋新市場
    用新的產品，找尋不同的市場區隔或區域，多角經營。

  做完市場組合之後，我將目標設定分為市場式、市佔式和成長式，這些在後續章節都將會詳細說明。

四、策略

行銷策略與銷售策略最大的不同在於：**行銷是減法策略，而銷售是加法策略。**行銷要先找出市場區隔，告訴自己什麼可以做、什麼不能做，就是減法的概念；而銷售要在這個能做的地方，盡可能放大，所以是加法的概念。行銷的本質是種選擇，因此我們把創新式企劃5大流程的「策略」流程，配屬給區隔定位及相關之創意溝通與品牌管理。

- 區隔定位

  使用行銷學常用的【STP矩陣】，從區隔市場（Segmentation）、選擇目標（Targeting），進而找到定位（Positioning）。

- 創意溝通

  套用【創意Slogan10版型】，讓創意更快速，推廣更順利。

- 品牌管理

  以【品牌藍圖8元素】（Why願景／使命，How定位／承諾，Who個性／識別，What產品／服務）協助進行品牌管理。

五、執行

執行所運用的策略，就是大家最耳熟能詳的4P（產品Product、價格Pricing、通路Place、促銷Promotion），再加入與執行息息相關之溝通策略及數位策略。

- 產品策略

  了解【產品生命週期】的過程，在對的時間做對的事情。

- 價格策略

  以【價值曲線】極大化收益，極小化衝突，極強化競爭。

- 通路策略

  透過【通路架構】了解整個通路板塊的層次、大小與流向。

- 促銷策略

  挑選與組合【促銷活動30招】，讓你瞬間成為促銷達人。

- 溝通策略

  運用【市場溝通18招】（分屬公關、數位、人員、直效、廣告）向目標客群傳遞感性訴求與理性訴求。

- 數位策略

  以【RACE 4流程】（觸及Reach、互動ACT、轉換Convert、倡導Engage），放大導流與促進導購，極大化電子商務之績效。

22 經營組合
公司的健康檢查表

工具 ▸▸ BCG 矩陣

目的 ▸▸ 了解公司產品的分布，做出產品經營最佳投資組合

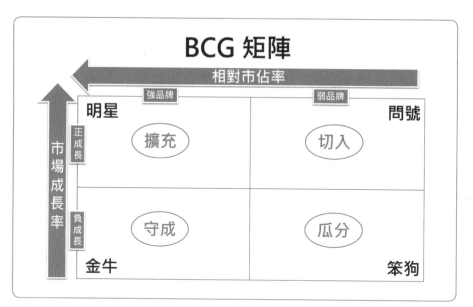

【BCG 矩陣】縱軸為市場成長率（界線表示正負，市場之成長率可由市調公司取得），橫軸為相對市佔率（界線表示強弱，強弱可用前後段班來區分，例如市場有四個品牌，而你是前兩名，就是強品牌），共可分為以下四個象限：

➤ **問號（Question Marks）**

• 狀況：**正成長＋弱品牌＝問號**。

　該產品正處於市場成長階段，而你競爭力弱。

• 手段：**切入**。

　由於有其他強勢品牌存在，此時要迅速找到市場切入點，也許是區隔化不同市場、差異化不同功能，或是價格化給予實惠，總之

就是要快速切入市場，與強品牌共存。

➤ **明星（Stars）**

● 狀況：**正成長＋強品牌＝明星**。

該產品正處於市場成長階段，而你競爭力強。

● 手段：**擴充**。

現階段就是要加碼做更多的投資，以尋找更多商機或擴充銷售通路，就算現階段該產品因高度競爭而無法取得高獲利，也得大步邁開，因為它未來很有機會成為大金牛，為公司創造高營收與高獲利。

➤ **金牛（Cash Cows）**

● 狀況：**負成長＋強品牌＝金牛**。

該產品正處於市場下降階段，而你競爭力強。

● 手段：**守成**。

通常這類都是舊產品，在市場已有一段時間，所以市場最大，而你又是強勢品牌且市佔率高，故可持續守成收割，為公司創造穩定的獲利。

但因為未來成長性低，不需要再過度投資，除非可以找到新市場或新商業模式，否則公司應該將這類產品獲利極大化，以投資明星產品及扶持問號產品。

➤ **笨狗（Dogs）**

● 狀況：**負成長＋弱品牌＝笨狗**。

該產品正處於市場下降階段，而你競爭力弱。

● 手段：**瓜分**。

這類產品不具備繼續投資的價值，最好的對策就是瓜分強勢品牌的市場即可，也不要投資太多，以免造成虧損。把資源轉移給其他投資報酬率較高的產品，才是上策。

案例 ▶▶前公司科技產品的經營組合

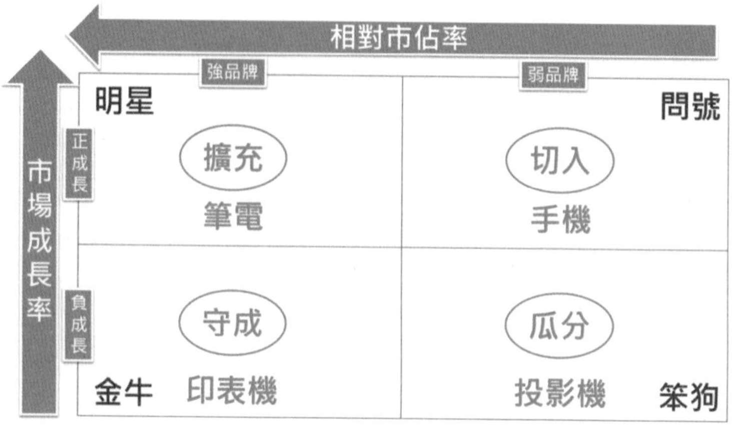

上圖是前公司的BCG產品線經營組合。前公司是印表機及筆電的領導品牌，我當時一直在想，印表機事業群是最賺錢的部門，怎麼好像資源不是很多？後來用BCG經營組合去思考，就了解高層在想什麼了。因為**從整個企業角度來看，公司要用印表機這隻金牛的獲利去投資高成長的明星筆電。**

也曾經懷疑，明明手機已有很多大廠佔據，為何還要以卵擊石，切入手機市場呢？先不管最後結局如何，在當下的確是一個好的決定，因為**如果沒有問號產品，就等於一個家庭沒有小孩，當所有的產品同時走向高齡化，這個企業便會逐步走向凋零。**

而關於投影機，當時為何要宣布放棄生產與經營，我也從中找到了答案。因為**笨狗須先行瓜分強品牌市場，之後發覺無效，除了放棄這個市場，再怎麼做也是多餘。**

另外，我也曾經輔導過一家市佔率只有2%的公司，他們一直在想如何做品牌，但總是做不起來。後來我獻上一計，他們就釋懷多了，答案是成長三步驟：

1. **挖牆腳**→98%市場，任你掠奪，找到切點，就有生意。

2. **跟著走**→貼緊對手，當個老二，共同生存，就有市場。

3. **找出路**→創新思考，找到定位，重建品牌，就有出路。

簡單來說，在整個產品生命週期中，這公司一直是個弱品牌，當市場正成長時，它的產品就會一直是問號；而在市場負成長時，它的品牌就會一直是笨狗，所以最好的方法不是切入就是瓜分。

若要像強品牌一樣，樹立標準及經營品牌，可能在初始階段會白花力氣。如上述，分三步走，先切入及瓜分市場，等生意做到一定程度，再來思考品牌經營，是不是弱品牌最省力且最有效的方法呢？

還有學員問我，如果我們公司不是原廠而是通路，左頁BCG矩陣對我有涵義嗎？答案是沒有。關於這一點，我曾跟一家國內很有名的網路通路平台深談，最後他拿出他們公司的經營矩陣（下圖）給我看：

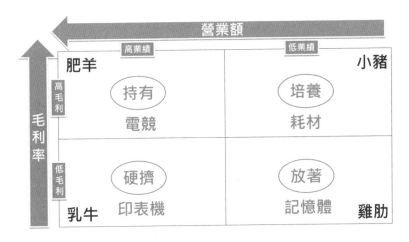

通路的經營管理是以營業額及毛利率來分析，共分出小豬、肥羊、乳牛、雞肋。看完之後，我感到非常慚愧，前公司的印表機產品，竟然是他們公司不願主推，但不得不賣的乳牛產品。

原廠動不動要人家寫銷售計劃，且給通路的毛利也很低，所以前公

司在通路的眼中，就像對乳牛一般，能擠一滴算一滴。在此不得不說，身為原廠，莫忘通路苦人多啊！不要覺得給通路賣東西是多麼大的施捨，所以低毛利是應該的，這種觀念是最不夠格的原廠經理人，通路可是原廠最大的商業夥伴啊！

BCG矩陣為何會被排在創新式企劃的第一個技術呢？因為它是最初始的企業健康檢查表，並且可從兩個角度來思考：

⊃ 從高階經營角度

如果你是一個企業經營者或高階主管，必須先站在最宏觀的高度，關注兩件要事：

差異操作：產品會落入BCG的四個象限，代表對不同產品線，該用不同的操盤方式，口訣是：「問號切入，明星擴充，金牛守成，笨狗瓜分」。

保持比例：一個公司務必要有一定的明星及金牛產品。明星是未來趨勢，金牛是資金來源，這兩區產品的營業額加起來，最好超過公司總體營收60%以上，這家企業才算健康。

⊃ 從產品經理角度

如果你是個產品經理，必須看看自己的產品是坐落在哪一塊，然後告訴自己該用哪個象限的「心態」來經營這個產品。例如，當時我是負責印表機事業群，那就要乖乖的好好賺錢，幫助其他部門長大！

23 情報分析
了解你我他，生意不會差

工具 ▶▶ 3C法

目的 ▶▶ 透過對3C的總體分析，產生初步的企劃概念

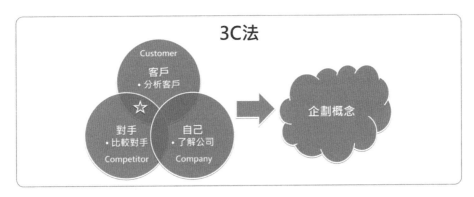

【3C法】就是從**分析客戶**（Customer）、**比較對手**（Competitor）、**了解公司**（Company）三大面向來作出全面性的策略思考。

一、分析客戶（Customer）

含大環境PEST分析及消費者需求分析。

➤ 大環境PEST分析

所謂「大環境」，是指整個外部客觀環境而言，具有一定的方向性及持久性影響，而這些變遷的力量，往往會為企業帶來重大的機會（Opportunity）與威脅（Threat），因此在進行行銷企劃時，第一步就是**先蒐集外部大環境的相關資料，解讀出可以利用的市場機會，以及必須防範的潛在威脅。**

- **P（Politics）**：政治體制、稅法體制、財政預算、政府補貼、產業發展、產業規範、進出口限制、金融法規、外匯政策等重大變化。

- **E（Economics）**：經濟情況、資本市場、產業結構、經濟基礎、

商品供需、GDP、失業率、所得分配、消費物價、儲蓄水準、匯率走勢、通貨膨脹等重大變化。

- **S（Social）**：社會價值、生活方式、消費習慣、人口成長、人口結構、族群組合、教育水準、家庭型態、人口分布等重大變化
- **T（Technology）**：科技趨勢、專利保護、研發預算、原物料供需、能源供應、環境汙染、政府環保等重大變化。

以上大環境分析相關資料及數據，可蒐集來源包括各國趨勢專家出版的專書、政府公報、商業雜誌、產業報告等公開性資料。

➤ 消費者需求分析

進行消費需求分析有四個參數：

- **目標客群（Target Customer）**：找出目標客群，整個行銷企劃才有基礎走下去；而找出目標客群，其實就是要找出市場區隔；而想找出市場區隔，就得要知道區隔變數。

〔家用產品〕

> ✓ 人口變數：性別／年齡／學歷／所得／職業
>
> ✓ 行為變數：尋求利益／購買方式
>
> ✓ 心理變數：興趣嗜好／人格特質／生活型態

〔商用產品〕

> ✓ 行業：金融／銀行／證券／壽險／科技／電信／運輸／醫療／製造／公家機關／學校／軍方／服務……
>
> ✓ 規模：大／中／小企業／個人……
>
> ✓ 地域：北／中／南／東／西……

- **想完成的工作（Job to be done）**：目標客群想要完成什麼樣的工作與目標？
- **追求利益（Gain）**：目標客群想要得到什麼利益？
- **解決問題（Pain）**：目標客群想要解決什麼問題？

消費者需求分析所用的方法，包括既有資料、網路搜尋、觀察、訪談、問卷等。

二、比較對手（Competitor）

就是跟競爭者之間做詳細的比較，可從品牌、策略、商業模式、產品、價格、通路、促銷、服務……等角度。無論是新事業的創新，或是核心事業的改善，除了考慮大環境趨勢及消費者需求之外，競爭對手的比較也是非常重要的動作。

比較對手一般可根據以下項目：

- 品牌（**Brand**）：廠商品牌的知名度與指名度。
- 策略（**Strategy**）：廠商所關注的主力競爭策略。
- 商業模式（**Biz Model**）：廠商所設計的相關營運與獲利模式。
- 產品（**Product**）：產品線的種類、特色、品質、定位。
- 價格（**Price**）：產品線的價格策略及價值曲線。
- 通路（**Place**）：產品線的配銷通路組合及綜效強度。
- 促銷（**Promotion**）：產品線的促銷組合及市場溝通強度。
- 服務（**Service**）：廠商所提供的保固、維護等相關售後服務。

三、了解公司（Company）

就是了解自己公司的核心優勢。根據公司的現有資源與核心競爭力，找出公司最核心的優勢，一般是關鍵資源、關鍵能力、合作夥伴、經營策略、商業模式……等等。

➤ 企劃概念

研究3C情報，最主要目的就是要洞察出企劃概念，如183頁3C圖中，企劃概念的位置可用12個字來形容，就是：「**客戶要的，自己強的，對手弱的**」，這12個字在書中很多地方都有出現，含銷售、競爭、定位都適用。

3C是一種事實陳述，可以說是「現況」，而依照3C分析所產生的

企劃概念，是一種洞察、慧見、主張，可以說是「趨勢」與「策略」。如何洞察出簡單易懂、打動人心的企劃概念，是企劃力很重要的一種心智鍛鍊，這需要很多的專業理論及職場經驗做為基底。

案例 ▶▶ 創新企劃公開班課程

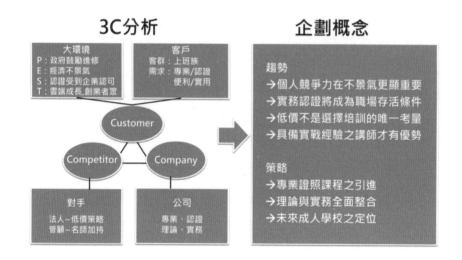

上面這張表，是我的合作夥伴「創新企劃公開班」的3C情報分析與企劃概念。

寫這個案例也是為紀念我的恩師鄭啟川先生，他親手創立成人學習未來學校，卻在人生最輝煌的時刻，留下典範夙昔，令人惋惜。還記得當時我們幾個講師一起在找創新企劃公開班未來出路時，就是用這個簡單的3C法技術，快速而有效的找到彼此共同的想法。

上圖左邊之3C分析，就是目前的「現況」。先對大環境及客群需求進行分析，之後評估對手（法人及管顧）主打策略，最後再看看自己公司的核心優勢（具有多項專業認證，理論與實務經驗兼具），就可以根據這些分析情報，推估出右半邊圖所列四點「趨勢」，以及未來公司將採取的三大「策略」。

當你做完3C情報分析，在發想企劃概念時卡關，可以用「4C企劃概念」
迅速幫你找到結構性的答案：

1. **Community（社群）**：你的構想究竟要服務哪一類目標客群？

答：一般上班族。

2. **Change（改變）**：你想改變何種產業的遊戲規則？

答：打破補習班的教學風格。

3. **Connection（關聯）**：針對你想改變的部分，提出何種要素與要素之間
   的新聯繫？

答：理論＋實務＋流程＋認證。

4. **Conversation（對話）**：你要向目標客群說的一句話？

答：成立一所專門創造人才而改變世界的未來成人學校。

24 商業模式
商業模式，就是獲利方程式

工具 ▶▶ 商業模式9宮格

目的 ▶▶ 描述一個組織如何創造及傳遞價值而因此獲取利潤

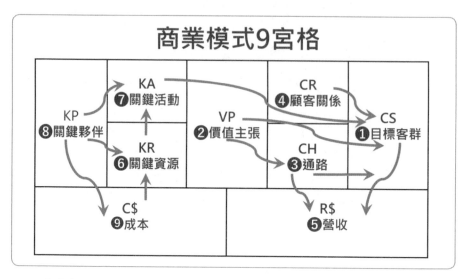

商業模式是描述一個組織如何創造及傳遞商業價值，並因此而獲取利潤的方法，是一種科學、系統化的組合，得以解釋公司的經營與獲利的商業邏輯。

【商業模式九宮格】的解讀方式有兩種：

- 結構上下看

  上半部（❶❷❸❹❻❼❽）是市場運作（Market Operation）。

  下半部（❺❾）是財務運作（Financial Operation）。

- 結構左右看

  左半部（❷❻❼❽❾）是內部經營運作（Internal Operation）。

  右半部（❶❷❸❹❺）是外部經營運作（External Operation。

「價值主張」兩邊都有參照。

商業模式的九個欄位，分別代表九個要素，設計者可用關鍵詞、圖像及箭頭等方式，呈現出每個要素的概念與連結，並將九個要素以邏輯關係加以整合。

九個要素，按照數字先後，代表思考順序，而箭頭就是其相關之連結，以下逐一介紹：

❶目標客群（CS：Customer Segment）

如前述，談到目標客群，得先做市場區隔；要找出市場區隔，就得先知道區隔變數，而區隔變數分為「家用產品」跟「商用產品」兩種（請參見184頁）。

- 思考焦點

  ✓ 目標客群如何做區隔？

  ✓ 目標客群的需求是什麼？

  ✓ 如何滿足這些客群的需求？

❷價值主張（VP：Value Proposition）

是指能為目標客群創造價值的商品或服務。

- 思考焦點

  ✓ 目標客群想要完成什麼樣的工作？（Job to be done）

  ✓ 目標客群想要得到什麼利益？（Gain）

  ✓ 目標客群想要解決什麼問題？（Pain）

❸通路（CH：Channel）

通路具有三種功能：金流、物流、資訊流。「金流」介於供應商與客戶之間的金錢流動；「物流」幫助配送商品或服務給客戶；「資訊流」提供客戶對商品或服務的了解。

- 思考焦點

  ✓ 哪些通路是客戶最易接觸到、最方便購買的地方？

  ✓ 哪些通路運作起來最有效，配合度最好？

✓ 該如何整合所有通路，並創造綜效？

❹顧客關係（CR：Customer Relationship）

是指公司與目標客群建立的關係型態，會影響到客戶整體的購買體驗及忠誠度。

- 思考焦點

    ✓ 如何與目標客群建立與維持關係？

    ✓ 如何將顧客關係與整個商業模式整合？

❺營收（R$：Revenue）

是指公司從客戶身上獲得的收入。營收來源可分為銷售費用、服務費用、會員費用、租賃費用、授權費用……等等。

- 思考焦點

    ✓ 目標客群願意付多少錢買？

    ✓ 目標客群用什麼方式付錢？

❻關鍵資源（KR：Key Resource）

是指能讓商業模式順利運作所需之重要資源，其類型有：財務資源（現金、資產、銀行信用）、實體資源（設備、建築、系統、通路）、智慧資源（品牌、專業、專利、著作權、夥伴、客戶）、人力資源（公司、夥伴、通路的可用人力）……等等。

- 思考焦點

    ✓ 創造價值需要什麼重要資源？

    ✓ 建立通路需要什麼重要資源？

    ✓ 維護顧客需要什麼重要資源？

    ✓ 創造營收需要什麼重要資源？

❼關鍵活動（KA：Key Activities）

是指能讓商業模式順利運作所需之重要活動、行動或事情，大概可分為生產性活動、問題解決活動、銷售促進活動。這些活動能幫助創造

客戶價值、建立有效通路、維護顧客關係、產生營收來源。

- 思考焦點
  - ✓ 創造價值需要什麼重要活動？
  - ✓ 建立通路需要什麼重要活動？
  - ✓ 維護顧客需要什麼重要活動？
  - ✓ 創造營收需要什麼重要活動？

❽關鍵夥伴（KP：Key Partners）

是指能夠讓商業模式順利運作，所需之重要供應商及合作夥伴。關鍵夥伴關係有三種類型：策略聯盟夥伴、共同投資夥伴、採購與供應夥伴。尋求關鍵夥伴的主要動機，是為了取得特定的資源與能力，以及降低經營環境的不確定風險。

- 思考焦點
  - ✓ 重要夥伴可以提供何種重要資源？
  - ✓ 重要夥伴可以幫助何種重要活動？

❾成本（C$：Cost）

是指運作商業模式所需要的成本，可從商業模式運作所需之關鍵資源、關鍵活動、關鍵夥伴去推算。

- 思考焦點
  - ✓ 公司成本最小化，例如成本控制或生產外包。
  - ✓ 客戶利益最大化，例如夥伴共同經營與互助。

案例 ▶▶ King 老師的商業模式

我自己本身是個商品，既然是個商品，就要有商業模式。192頁這張商業模式9宮格，就像是我講師之路的定海神針、作戰藍圖，讓我在講師之路保持清醒。因為有了它，讓我在離開前公司時，能夠以最短的時間轉換跑道。常有人說人生不需要計劃，因為計劃永遠趕不上變化。

我的回答是：**計劃永遠趕不上變化，但計劃可以應付變化！**

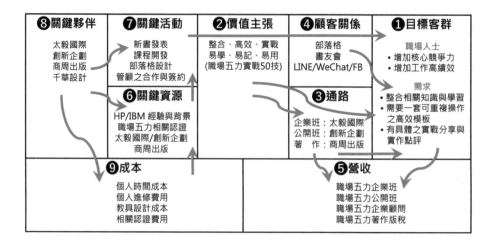

商業模式的延伸：創新10原點vs商業模式24計

創新學開創者賴瑞・基利（Larry Keeley）長年研究成功企業的創新方法，並且為美國運通、蘋果電腦、波音、花旗集團、可口可樂、福特、吉列、奇異等跨國企業提供創新顧問。他發現，創新的發生大概都會落在創新10原點，而**卓越的創新就是將不同環節的創新組合起來**，就會讓競爭對手難以模仿，進而取得領先地位。

以下將【創新10原點】依配置、產品、體驗歸整為三大類，說明其呈現在組織不同環節的表現：

➤ 配置

1. 獲利模式：如何賺錢。

2. 網路：如何聯合其他人來共同創造價值。

3. 結構：人才和資產如何組織和配對。

4. 流程：如何以獨特和優異的方法經營企業。

➤ 產品

5. 產品表現：如何開發獨到的特色和功能。

6. 產品系統：如何開發互補的產品和服務。

➤ **體驗**

7. 服務：如何維持和增加產品價值。

8. 通路：如何提供商品給顧客和使用者。

9. 品牌：如何展現你的產品和事業。

10. 顧客參與：如何讓顧客互動變得更吸引人。

　　舉個簡單的例子，如果去分析iPhone的成功模式，就會發現它含括了六個創新原點：透過獨特的<u>獲利模式</u>、<u>網路</u>創新的聯盟、<u>流程</u>創新的設計、<u>產品表現</u>創新的功能簡化、<u>產品系統</u>創新的產品／服務平台、<u>通路</u>創新的直銷，整個結構經由創新、組合、再造，變得十分牢固，並且難以模仿，所以iPhone上市就立即衝擊到八大市場（手機、相機、電腦、軟體、媒體、書局、音樂、電影），這就是創新商業模式最成功的一個典範。

　　那我們是否可進一步將創新10原點再往下展開成一些常見的商業模式範本呢？

　　當然可以。經過我的觀察歸納，結合市場常用之商業模式案例，例如：Dropbox的2GB免費網路空間、電信公司手機無線上網吃到飽、影印機的租賃方案……等，以194頁心智圖整理出【商業模式24計】，希望能藉此拋磚引玉，幫助讀者更簡單的「借用與組合」，進而設計出屬於自己的商業模式。

　　而這個由創新10原點展開的商業模式24計，跟原來的商業模式9宮格又有什麼樣的關係呢？

　　我的解釋是，這24計，算是二十四種商業模式的概念或型態，在具體策略上，仍須把選定的幾種商業模式，透過【商業模式9宮格】中的九個元素支撐，進一步具體描述才行。

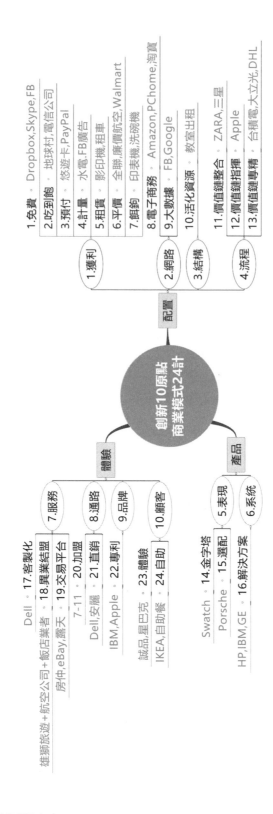

創新10原點 商業模式24計

配置

1.獲利
- 1.免費。Dropbox,Skype,FB
- 2.吃到飽。地球村,電信公司
- 3.預付。悠遊卡,PayPal
- 4.計量。水電,FB廣告
- 5.租賃。影印機租車
- 6.平價。全聯,廉價航空,Walmart
- 7.餌鉤。印表機,洗碗機

2.網路
- 8.電子商務。Amazon,PChome,海貿
- 9.大數據。FB,Google

3.結構
- 10.活化資源。教室出租

4.流程
- 11.價值鏈整合。ZARA,三星
- 12.價值鏈指揮。Apple
- 13.價值鏈專精。台積電,大立光,DHL

體驗

7.服務
- 17.客製化。Dell
- 18.異業結盟。雄獅旅遊＋航空公司＋飯店業者
- 19.交易平台。房仲,eBay,露天

8.通路
- 20.加盟。7-11
- 21.直銷。Dell,安麗

9.品牌
- 22.專利。IBM,Apple

10.顧客
- 23.體驗。誠品,星巴克
- 24.自助。IKEA,自助餐

產品

5.表現
- 14.金字塔。Swatch
- 15.選配。Porsche

6.系統
- 16.解決方案。HP,IBM,GE

左頁這張心智圖，由創新10原點展開我歸納出來的【商業模式24計】，並以藍字列舉相關案例，簡單說明如下：

1. **免費** → Dropbox、Skype、FB

   公司將基本款的產品或服務免費提供給一般使用者，快速建立足夠大的客戶數，希望其中有一般使用者轉換為願意付費使用進階服務的重度使用者。成功關鍵在於轉換率的高低。

2. **吃到飽** → 地球村、電信公司

   採取固定收費，讓購買者無限制使用公司所提供的服務，由用量低於正常使用量的顧客所節省的成本，來平衡超過正常使用量的顧客所衍生之成本。

3. **預付** → 悠遊卡、PayPal

   預收客戶款項，延遲支付供應商款項，使現金轉換循環天數為負數，因而增加現金周轉留用的時間差，可用於賺取利息、提前還債或用於投資。

4. **計量** → 水電、FB廣告

   依據使用量多寡為計費標準，取代固定費率的做法，以彈性收費來吸引客戶。

5. **租賃** → 影印機、租車

   公司將昂貴的商品採取租賃方式收取租金收益，消費者不必支付大筆資金購買所有權，就可輕鬆享有一定時限的使用權。

6. **平價** → 全聯、廉價航空、Walmart

   只提供最基本款的標準化服務，把省下的成本回饋給顧客，用低價做為競爭的利器。

7. **餌鉤** → 印表機，洗碗機

   公司提供低於成本價甚至是免費的基本產品，但是在獨家耗材或必需配件的收費上賺取高額利潤。

8. **電子商務 →** Amazon、PChome、淘寶

透過數位網站平台取代傳統的實體店面,可降低營運成本,消費者也可透過網路搜尋比較商品,節省找商品的時間與成本。

9. **大數據 →**FB、Google

收集分析客戶資料的大數據進行分析與利用,以增加重複銷售之機會,並獲得產品改善與新產品研發的重要資訊。

10. **活化資源 →** 教室出租

利用公司核心事業所累積的技術或過剩的設備、資源,提供給其他公司使用,以賺取本業以外的額外收入。

11. **價值鏈整合 →** ZARA、三星

公司根據產業需要,整合出一套完整的產業價值鏈供應系統,有效控制整個價值鏈,降低交易成本,提高價值鏈的規模與效率。

12. **價值鏈指揮 →** Apple

公司專精某些核心能力,將核心能力以外的價值鏈活動,外包給專業的供應商,自己扮演主導價值鏈的指揮家角色。

13. **價值鏈專精 →**台積電、大立光、DHL

公司聚焦於整個價值鏈當中的某一項價值創造活動,成為Know-how的專精者,可以同時服務不同產業與市場的外包需求。

14. **金字塔 →**Swatch

依據消費客群的收入與偏好不同,建立相對應的金字塔式產品組合:在底層提供低價、量多的產品;針對中高端客群則提供高價、量少的產品,主要獲利來自中高端產品的營業收入。而低價產品是用來吸引平價客戶,藉以找尋機會往中高端產品銷售。

15. **選配 →**Porsche

將基本產品和服務,以具備市場競爭力的價格,藉由提供額外服務或選配產品,加收額外費用。

16. **解決方案**→HP、IBM、GE

公司提供「一站購足」解決方案，將解決客戶問題所需的產品與服務整合為完整的方案，增加購買的便利性。

17. **客製化**→Dell

公司將產品結構予以標準模組化，再根據不同顧客的獨特需求，組合成客製化產品，但同時擁有標準化及大量生產帶來的效率與低成本。

18. **異業結盟**→雄獅旅遊＋航空公司＋飯店業者

異業結盟是指不同類型或不同層次的單位，為了提升規模、資源互助、擴大市佔率，所組成的利益共同體。

19. **交易平台**→房仲、eBay、露天

建立促進買賣雙方交易的平台，以降低交易雙方的時間與成本，並從雙方的交易費賺取傭金。

20. **加盟**→7-11等便利商店

公司利用成熟的商業模式與品牌，授權加盟商依據合約規範獨立經營，以賺取加盟金及其他服務費用，並擴大市場佔有率。

21. **直銷**→Dell、安麗

去除零售和經銷通路，將省下的通路費用回饋給消費者。

22. **專利**→IBM、Apple

公司致力研發某些關鍵技術，並順利申請取得專利，運用專利授權方式提供其他廠商進行商業化應用，以換取授權金收入。

23. **體驗**→誠品、星巴克

創造額外的服務體驗來提高產品與服務的價值。

24. **自助**→IKEA、自助餐

公司將產品或服務之價值創造部分工作，讓消費者自行完成，以換取較低的收費。

接著回到前面King老師所示範的個人商業模式（參考192頁），其實我參考了六個商業模式做組合。

- 依消費客群收入、偏好不同，建立對應的金字塔式產品組合：平價公開班、企業內訓班、企業客製班、企業顧問班。〔14.金字塔〕
- 職場五力共50個技術，可依企業選配組合，大大提高客戶需求的準確度。〔15.選配〕
- 診斷企業，提出解決方案。〔16.解決方案〕
- 可針對企業做屬於該公司之客製。〔17.客製化〕
- 針對「職場五力實戰50技」申請專利。〔22.專利〕
- 提供免費模組版型，讓使用者深度體會並發揮即戰功效。〔23.體驗〕

King老師即戰心法補帖

在商業模式之前，有一個BCG經營組合，以及3C情報分析、企劃概念，這之間到底有什麼順序或連結呢？

沒錯，它是有順序及連結性的。

● 回顧流程(1)：目的

先用→BCG經營組合，讓你知道整個公司的投資組合是不是落在一個安全的範圍，並賦予每個產品清楚的定位與大方向策略。

之後→3C情報分析，讓你進一步知道客戶、對手、自己（公司）的狀況，並找到一個初始的企劃概念。

然後→把模糊的企劃概念具體化成**商業模式**。

我把這三個技術，收納在創新式企劃的第一個流程「目的」，最主要的產出就是：商業模式！

25 現況分析
當不知道用哪一招，用SWOT就對了

工具 ▶▶ SWOT 矩陣

目的 ▶▶ 藉由市場外部及組織內部現況，進而產生有效之策略及做法

SWOT 矩陣

OT ╱ SW	Strength (優勢)	Weakness (劣勢)
Opportunity (機會)	SO 增長型策略 (客戶要, 自己強) 利用內部優勢 爭取外部機會	WO 扭轉型策略 (客戶要, 自己弱) 克服內部劣勢 扭轉外部機會
Threat (威脅)	ST 教育型策略 (客戶不要, 自己強) 利用內部優勢 教育外部威脅	WT 防禦型策略 (客戶不要, 自己弱) 減少內部劣勢 避開外部威脅

有關【SWOT矩陣】分析，分成兩個步驟。

一、知道「現況」

根據內部情報，界定出內部公司的優勢（S）與劣勢（W）；根據外部情報，界定出外部環境的機會（O）與威脅（T）。

• 內部因素（SW）

屬於內部公司因素，泛指公司的關鍵資源、關鍵能力、關鍵夥伴……等等，例如公司形象、文化、品牌、市佔、產品、價格、通路、促銷、專利、技術、生產、銷售、人員、研發、財務、服務……等等，**分析者必須將以上項目列出，決定出公司的優勢（Strength）及劣勢（Weakness）**。必須特別注意的是，所謂的

優勢與劣勢是相對的，假設公司產品後續服務是兩天完修，你覺得不夠好，但主要競爭對手都要三天完修，那麼你反而是優勢；相反的，如果你的競爭對手一天完修，你在這個項目就真的處於劣勢了。

- 外部因素（OT）

  屬於外部環境因素，例如大環境趨勢情報、產業情報、消費者情報、競爭者情報……等等，**分析者必須決定哪些因素是屬於機會（Opportunity），哪些是屬於威脅（Threat）。**

二、找到「策略」

找到SWOT，只是清楚界定出SWOT的「現況」而已，並不具備實用價值，必須經過交叉分析，找出四個議題策略SO/WO/ST/WT，才算是真正的完成。

簡單來說，SWOT可以說是一個「形容詞」，形容出目前的**現況**；SO/WO/ST/WT可以說是「動詞」，告訴我們下一步要做的**策略**。而根據SW與OT進一步交叉分析，所找出的四個議題策略為：1.SO（增長型策略）；2.WO（扭轉型策略）；3.ST（教育型策略）；4.WT（防禦型策略）。

以下分別就這四個議題策略逐一說明：

- **SO**：自己優勢（S）＋市場機會（O）＝增長型策略

  利用內部優勢，爭取外部機會。

- **WO**：自己劣勢（W）＋市場機會（O）＝扭轉型策略

  克服內部劣勢，扭轉外部機會。

- **ST**：自己優勢（S）＋市場威脅（T）＝教育型策略

  利用內部優勢，教育外部威脅。

- **WT**：自己劣勢（W）＋市場威脅（T）＝防禦型策略

  減少內部劣勢，避開外部威脅。

案例 ▶▶某銀行之SWOT矩陣分析與策略

SW / OT	Strength (優勢) • S1 中小企業客戶最多 • S2 中小企業貸款種類多 • S3 資本性貸款經驗豐富	Weakness (劣勢) • W1 資金成本高 • W2 銀行據點少 • W3 申請作業冗長
Opportunity (機會) • O1 台商回流, 回台投資意願高 • O2 韓流興起, 高雄投資意願高 • O3 政府祭出中小企業輔助辦法	SO 增長型策略 (客戶要, 自己強) • S2O1 客製回流中小企業專案 • S2O2 客製高雄中小企業專案 • S3O3 協助中央輔助政策訂定	WO 扭轉型策略 (客戶要, 自己弱) • W1O1 專注中小企業族群 • W2O2 藉機曝光主動接洽 • W3O3 專案案件優先審核
Threat (威脅) • T1 市場不景氣 • T2 同業低率搶食 • T3 台灣環境不利建廠	ST 教育型策略 (客戶不要, 自己強) • S1T2 提供忠誠客戶優惠條件 • S2T2 區隔避開紅海市場競爭 • S3T1 提供企業貸款顧問諮詢	WT 防禦型策略 (客戶不要, 自己弱) • W1T2 提供加值服務之產品

上表是某家銀行的SWOT矩陣分析圖。原本這家銀行對自己公司的經營，沒有太大的信心，經過這張SWOT矩陣的實作，列出自家銀行現階段相對於他行的優勢和劣勢，並分析出外部環境的機會和威脅後，至少知道如何運用有限的資源，做出最正確及最有效的策略。

- 〔實作〕知道「現況」

  在SWOT現況陳述的部分，建議每項大概列出三點最佳，太多反而不利思考。

- 〔實作〕找到「策略」

  找策略可用交叉組合的方式，建議一步步仔細去交叉比對，例如S1/S2/S3跟O1/O2/O3，便會有九種交叉組合方式，操作者可以在這九種可能性中，挑出最需要關注的三項來成為該象限之議題策略。

  ➲注意，有時同一個策略，可能會重複出現在不同象限，這是正常的，例如某些公司常有持續強化品牌這個策略，它可能會同時適用在SO與ST。

King 老師即戰心法補帖

關於SWOT矩陣，SW談的是自己所屬公司（Company），而OT談的是客戶（Customer）和對手（Competitor），那它跟3C情報分析法有什麼不同？

其實它們本質是一樣的，都是從客戶、對手、自己這三個面向去思考，但在應用上仍有些不同，簡單說明如下：

◗3C情報分析應用

流程：坐落在第一個流程「目的」。

產出：企劃概念，點出方向及概念性。

◗SWOT矩陣分析應用

流程：坐落在第二個流程「現況」。

產出：議題策略，點出對策及具體性。

驗證：SWOT矩陣在某種程度也具備了驗證3C情報分析與企劃概念的功能。

26 目標設定
明確的目標，就是力量

工具 ▸▸ 安索夫矩陣

目的 ▸▸ 藉由產品與市場的對應找到更多市場及具體描述目標設定來源

安索夫矩陣

產品 市場	舊產品	新產品
舊市場	市場滲透	產品延伸
新市場	市場開發	多角經營

　　「目標」屬於企劃的第三個流程，目標設定的主要工具是安索夫矩陣，所謂的安索夫矩陣，是由管理策略之父伊格爾‧安索夫（H. Igor Ansoff）所提出的2×2矩陣。（之所以將安索夫矩陣放在目標流程，是因為市場板塊本身就具備可被估算的具體數字）

　　【安索夫矩陣】以產品和市場做為兩大基本面向，橫軸為「舊／新產品」，縱軸為「舊／新市場」，劃分出四種市場組合及策略：**市場滲透、市場開發、產品延伸、多角經營**，可用來分析不同產品在不同市場的發展政策，是應用很廣泛的營銷分析工具。說明如下：

> ➤ **市場滲透**
>
> ● **象限：舊產品＋舊市場**
>
> ● **做法：**在原有市場中擴充生意，以提升市佔率。另外，因為所有競爭者都進來了，很容易陷入紅海之爭，所以要多關注品牌定位

或創新商業模式，才會出現差異化，進而增加營收、增加利潤、提高市佔率。

► **市場開發**

- **象限：舊產品＋新市場**
- **做法：**針對既有舊產品，開發新市場。所謂新市場，就是原區域的新客群，或找尋新區域。

例如→舊產品只賣台灣女性，可開發台灣男性新市場，也可開發大陸女性或大陸男性新市場。

► **產品延伸**

- **象限：新產品＋舊市場**
- **做法：**針對原有市場之客群，開發新產品加入戰場，或創造新需求讓原市場客群再消費。

例如→舊產品只賣台灣女性，同樣針對台灣女性，可開發新產品，重複讓她再購買。

► **多角經營**

- **象限：新產品＋新市場**
- **做法：**針對新市場，開發出新產品。

例如→原舊產品只賣台灣女性，可開發新產品，賣給台灣男性，或賣給大陸女性、大陸男性。

案例 ▶▶某銀行信用卡目標設定

信用卡是銀行很重要的一項業務指標，之前在某家銀行講授企劃流程時，針對三年目標設定（也可做一年，但一般會做三年）曾做過很深入的探討。

設定目標對營業單位之所以重要，主要是它跟公司的營運成長、資源分配、人力多少，甚至跟薪水都有關係。而目標設定的方法有很多

種,一般常用的有三種:市場式、市佔式、成長式。**市場式**可參照安索夫矩陣,將四個市場的目標加總;**市佔式**則是根據整個市場大小,乘以所有成長之市佔率;**成長式**,顧名思義,直接設定要成長多少就對了。下面以某銀行信用卡目標設定,逐一說明示範。(舉例資料經過改編)

一、市場式:安索夫矩陣

以「市場」為主要關注。**三年計劃~市場式**示範如下:

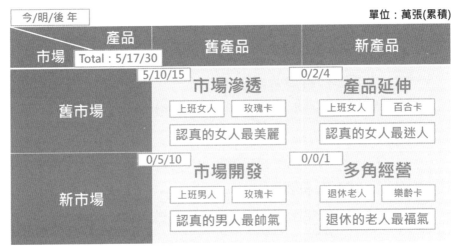

➲ 市場共分為四塊,分別設定目標,再全部加總,就是總目標。

1. **市場滲透**〔舊產品＋舊市場〕

   舊產品:玫瑰卡

   舊市場:上班女人

   定　位:認真的女人最美麗

   目　標:今年5 → 明年10 → 後年15(萬張信用卡)

2. **市場開發**〔舊產品＋新市場〕

   舊產品:玫瑰卡

   新市場:上班男人(同樣玫瑰卡的優惠,讓男人享有)

   定　位:認真的男人最帥氣

目　　標：今年0 → 明年5 → 後年10（萬張信用卡）

3. **產品延伸**〔新產品＋舊市場〕

　　新產品：百合卡（不同的百合卡新優惠，讓原女人享有）

　　舊市場：上班女人

　　定　　位：認真的女人最迷人

　　目　　標：今年0→ 明年2→ 後年4（萬張信用卡）

4. **多角經營**〔新產品＋新市場〕

　　新產品：樂齡卡（創造屬於老人的樂齡卡，讓退休老人享有）

　　新市場：退休老人

　　定　　位：退休的老人最福氣

　　目　　標：今年0→ 明年0→ 後年1（萬張信用卡）

　⊃ 總市場

　　目　　標：今年5→ 明年17→ 後年30（萬張信用卡）

二、市佔式：成長分析表

以「市佔」為主要關注。**三年計劃～市佔式**示範如下：

單位：萬張(累積)

產品	市場 (外部)			目標 (內部)			市佔率		
	今年	明年	成長率	今年	明年	成長率	今年	明年	成長
信用卡	20	57	185%	5	17	240%	25%	30%	+5%

產品	市場 (外部)			目標 (內部)			市佔率		
	明年	後年	成長率	明年	後年	成長率	明年	後年	成長
信用卡	57	75	32%	17	30	76%	30%	40%	+10%

左頁這張成長分析表跟安索夫矩陣有何不同呢？簡單來說，**安索夫矩陣所呈現的是一種市場組合的概念**，強調不要只是著眼於目前的市場，應該去尋找新市場；而**成長分析表是把所有市場一起看**，畢竟要清楚分出「舊產品／新產品」與「舊市場／新市場」的數字組合，是很不容易的。

另外，市佔式的成長分析表很適合在目前的企業中使用。過去我在外商工作期間，每半年得跟總部做一次新目標設定，每次都要花很多時間跟國外「談判」，國外總是要「壓榨」我們，逼我們拿個高目標，而我們總是要對國外「裝死」，希望拿個低目標，彼此就在爾虞我詐中雞同鴨講……。

後來我自己設計了討論表格，就是這個「市佔式目標設定表」，以前要討論三小時的東西，後來只要半小時就可以搞定，誰也不用欺騙誰。因為外部市場規模有公開的市調公司IDC提供（除非公司決定不相信它），而公司內部有今年的既有營業額、市佔率資料，只要專注在明年市場（外部）大小，再乘上明年所要達到的市佔率，明年業績目標（內部）自然會被計算出來。

用左頁這張表來看，以今年與明年為例，今年外部市場有20萬張信用卡機會，公司市佔率25%，所以今年公司發卡實際數字是5萬張；而明年市場會成長為57萬張，若市佔率成長到30%，明年的目標設定大約就要17萬張！而明年17萬張的目標比上今年5萬張的實際表現，明年的業績成長率便是240%。明年與後年的計算方法一樣，這樣就可以列出三年成長計劃了。

三、成長式：直接成長目標

以「成長」為主要關注，不需要使用任何工具，端看公司組織高層所設定的年度財務目標，直接由上而下Top Down即可。**三年計劃～成長式**示範如下：

單位：萬張(累積)

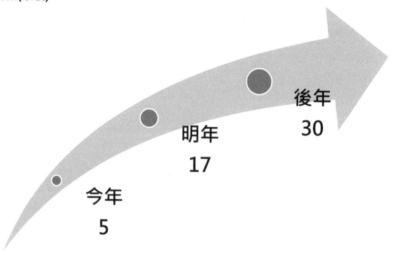

今年
5

明年
17

後年
30

King 老師即戰心法補帖

⊃ 目標之設定邏輯

在做目標設定時，要盡量避免盲目由上而下之 Top Down 成長。

不是不願意成長，而是要知道成長多少是合理的。有時市場大好，表面目標設定已高度成長，事實上是把目標設低了；有時市場大跌，表面給出低目標，事實上已把目標設高了。

身為一個專業經理人，在做總目標設定或各個事業體目標分配時，盡量要使用專業分析工具，用市場式或市佔式都可以。

⊃ 安索夫矩陣與 SWOT 矩陣之連結

前一技講完 SWOT 矩陣，而這一技又講了安索夫矩陣，它們之間是否具備某種連結性呢？

答案就在右頁這張圖。

大部分 SWOT 矩陣中的議題策略，多半會落在安索夫矩陣的「舊產品＋舊市場」這一塊，主要的操作策略是市場滲透。簡單來說，整個安索夫

矩陣，是一種除了舊有產品與舊有市場之外，試著去開發新白地（white space）的概念。

這些「新白地」，指的就是市場開發、產品延伸、多角經營，而這三塊新白地又會有各自的操作策略，所以整個市場操作策略便由這四塊的操作策略統合而成。如此一來，整個安索夫的操作策略執行細節，便與後續的STP區隔定位及4P行銷組合產生連結。

市場 ＼ 產品	舊產品	新產品
舊市場	市場滲透 (SWOT 議題策略)	產品延伸
新市場	市場開發	多角經營

27 區隔定位
一樣米養百樣人

工具 ▶▶ STP 矩陣

目的 ▶▶ 找到市場區隔，選擇目標，產生定位，才有焦點進入執行細節

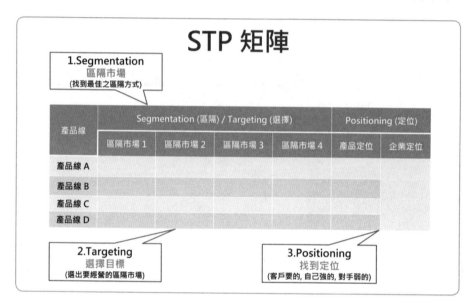

這個章節，將進入第四個流程「策略」，技術是區隔定位，工具是【STP矩陣】。在說明STP矩陣之前，先來回顧「策略」這兩個字：

「策略」屬於創新式企劃5大流程中第四個流程，前面三個流程也都曾提到策略，「目的」流程有商業模式策略，「現況」流程有SWOT矩陣策略，「目標」流程有安索夫矩陣策略，這裡又有個STP矩陣策略，到底哪一個是真正的策略呢？關於這點，我的解釋是：

- 商業模式指的是「經營策略」。
- SWOT矩陣指的是「議題策略」。
- 安索夫矩陣指的是「市場策略」。
- STP矩陣指的是「定位策略」。

企劃流程中，處處有策略，但其定義、內涵及應用各有不同。在創新式企劃5大流程中，我們把「策略」流程定義給了STP矩陣策略，因為在行銷企劃中，常會提到：「我們的目標客群在哪裡？」而從商業模式9宮格第一個關注「目標客群」就可以得知，這就是把STP矩陣坐落在策略流程的主要原因。

　　210頁這張圖，STP矩陣包含Segmentation（區隔市場）、Targeting（選擇目標）、Positioning（找到定位）三個步驟，定位又分為產品定位及企業定位（也可以是產品群定位），以下逐一說明：

一、Segmentation 區隔市場：找到最佳之區隔方式

　　在STP矩陣中，區隔市場放在橫軸，而要做到市場區隔，就得要從區隔變數做起。（區隔市場在3C法及商業模式中都有提過，這裡再重複一次，以利整個技術說明）

- 家用產品
    - ✓ 人口變數：性別／年齡／學歷／所得／職業
    - ✓ 行為變數：尋求利益／購買方式
    - ✓ 心理變數：興趣嗜好／人格特質／生活型態
- 商用產品
    - ✓ 行業：金融／銀行／證券／壽險／科技／電信／運輸／醫療／製造／公家機關／學校／軍方／服務……
    - ✓ 規模：大／中／小企業／個人……
    - ✓ 地域：北／中／南／東／西……

　　很多行銷人都會選擇「寧可錯殺一百，不想放過一人」的大眾行銷模式，這不是不好，而是可以更好，再怎樣模糊的大眾市場都有辦法再切割，連口香糖、牙膏、衛生紙這類大眾用品都可以做市場區隔。

　　目標客群一旦沒有區隔，就不會有聚焦，行銷人員就不知道如何探詢顧客的需求，當然也就無法做出吸引人的商品定位——沒有Who

（誰），要何來How（怎），更別說What（做）。

二、Targeting選擇目標：選出要經營的區隔市場

在STP矩陣中，產品線放在縱軸。完成橫軸之市場區隔後，就要根據縱軸產品選擇其中的市場區隔，做為主攻的目標客群（可複選），而選擇市場的參考原則是：

- 是否具備市場吸引力

  此市場是否具備規模、高成長、低風險、高獲利。

- 是否與對手有差異化

  要跟對手把品牌、策略、商業模式、產品、價格、通路、促銷、服務，徹底的分析比較，確認自己是否有差異化。

- 是否符合企業願景及企業核心優勢

  確認自己在企業願景及核心優勢（關鍵資源、關鍵能力、關鍵夥伴、生產、行銷、人事、研發、財務）上，是否與目標客群的需求相符合。

一般選擇目標市場的方式分為五種：**單一性、選擇性、產品性、市場性、全面性**。以下依定義、特點及風險逐一介紹：

➤ 單一性（單一產品／單一區隔）

產品線	Segmentation (區隔) / Targeting (選擇)				Positioning (定位)	
	區隔市場 1	區隔市場 2	區隔市場 3	區隔市場 4	產品定位	企業定位
產品線 A	V					
產品線 B						
產品線 C						
產品線 D						

企業將目標和資源放在某一特定區隔，也就是所謂的利基市場（Niche market），通常是小規模公司或新產品剛剛導入，或是某種需要特殊核心能力才能運作的市場區隔。

➤ 選擇性（多樣產品／多樣區隔）

產品線	Segmentation (區隔) / Targeting (選擇)				Positioning (定位)	
	區隔市場 1	區隔市場 2	區隔市場 3	區隔市場 4	產品定位	企業定位
產品線 A	V					
產品線 B		V				
產品線 C			V			
產品線 D				V		

　　企業以多樣產品進入多樣市場區隔，並發展不同的區隔行銷策略，是企業最常使用的一種安全均衡做法。

➤ 產品性（單一產品／全部區隔）

產品線	Segmentation (區隔) / Targeting (選擇)				Positioning (定位)	
	區隔市場 1	區隔市場 2	區隔市場 3	區隔市場 4	產品定位	企業定位
產品線 A	V	V	V	V		
產品線 B						
產品線 C						
產品線 D						

　　指企業在某一產品線，供應給所有的市場，不用作區隔。一般比較大眾化的商品，會有這樣的行銷操作模式，例如水果，小孩、學生、上班族、樂齡族都可以食用，也不用分區隔來操作。

➤ 市場性（全部產品／單一區隔）

產品線	Segmentation (區隔) / Targeting (選擇)				Positioning (定位)	
	區隔市場 1	區隔市場 2	區隔市場 3	區隔市場 4	產品定位	企業定位
產品線 A	V					
產品線 B	V					
產品線 C	V					
產品線 D	V					

企業為某一客戶群，提供各種產品，以滿足其不同的需要。例如跑車俱樂部，廠商除了賣跑車給那些企業菁英之外，還可以販售高爾夫球證、職場高階管理訓練、代辦出國旅遊……簡單的說，就是滿足這個目標客群可能從事的各種相關活動需求。

➤ 5. 全面性（全部產品／全部區隔）

產品線	Segmentation (區隔) / Targeting (選擇)				Positioning (定位)	
	區隔市場 1	區隔市場 2	區隔市場 3	區隔市場 4	產品定位	企業定位
產品線 A	V	V	V	V		
產品線 B	V	V	V	V		
產品線 C	V	V	V	V		
產品線 D	V	V	V	V		

指企業有足夠的產品、足夠的資源，涵蓋整個市場的不同需求，這種狀況很少，幾乎不會有公司這樣運作。

三、Positioning 找到定位：客戶要的，自己強的，對手弱的

當做出市場區隔並選出想做的目標區隔後，接下來就是要對選出的目標區隔做市場定位及聲明。簡單來說，**產品定位就是企業以目標客群為主的認知陳述**，又可稱之為「獨特價值」或「獨特賣點」。

請注意，這裡特別提到「認知」這兩個字，如果說 Segmentation、Targeting 是科學，那麼 Positioning 就是藝術，因為傳達或改變認知是一種藝術層次。

一個有效的定位，必須同時具備三個條件：客戶要的，自己強的，對手弱的，這個概念也同時用在許多銷售及企劃的技術之中。而在定位中，我們最常用到的工具就是知覺定位圖。【知覺定位圖】是指消費者對產品或品牌的知覺或偏好的形象化表述，同時也描述出企業與競爭對手的相對位置，並做出定位、承諾及 Slogan（創意標語）。

我舉個汽車的例子，是關於 L 牌進口休旅車。假設對手是某知名品

牌，我們要做出它的知覺定位圖，總共有五個步驟：

1. 客戶要的
   品質、價格、品牌、功能、操控。（經過客戶需求調查）

2. 自己強的
   品質、價格、品牌、功能。（刪去操控，因為操控非自己強項）

3. 對手弱的
   品質、價格、功能。（刪去品牌，因為品牌有人比你更強）

4. 關鍵變數
   品質、價格。（挑出兩個自己最強的項目，做為 Top 2 關鍵需求變數，因為功能是否勝出很難界定，所以挑出品質與價格）

5. 知覺定位
   根據兩個關鍵變數，畫出知覺定位圖，並把對手也標於圖中，再寫下定位（To Have）、承諾（To Do）、Slogan（To Be）。

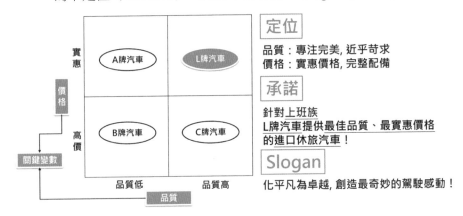

● 注意，上面這張 **L牌汽車～知覺定位圖**，是屬於休旅車之定位，關於其他產品線如轎車、跑車系列，也都要做一張。

案例 ▶▶某建設公司的 STP 矩陣

我曾經幫國內一家很知名的建設公司講授企劃課，因為買房是終身

大事，所以在動工之前，必須先做好完整的STP矩陣定位，才不會蓋出不知要賣給誰的房子。下面介紹這個例子，內容經過修改與模擬，並非真實狀況，讀者只要內化這個工具即可。

物件	Segmentation (區隔) / Targeting (選擇)				Positioning (定位)	
	上班族 (年薪<100萬)	一般主管 (年薪100~300萬)	高階主管 (年薪>300萬)	企業 (私人企業)	產品定位	企業定位
剛性住宅 (<1,000萬)	V	V			實惠/品質	數位智慧 環境共生 品牌永續 ~ 數位二代宅
一般住宅 (1,000~5,000萬)		V	V		科技/品質	
豪宅 (>5,000萬)			V		科技/管理	
廠辦 (月租>20萬)				V	雲端/安全	

- 〔模擬〕區隔市場 Segmentation

  把收入之高低放在橫軸。因為買房是一筆大錢，使用收入來做市場區隔最為恰當。

  - ✓ 上班族：年薪＜100萬
  - ✓ 一般主管：年薪100萬～300萬
  - ✓ 高階主管：年薪＞300萬
  - ✓ 企業：私人企業

- 〔模擬〕選擇目標 Targeting

  把物件之種類放在縱軸，並選擇區隔的市場。

  - ✓ 剛性住宅：＜1,000萬，選擇上班族／一般主管。
  - ✓ 一般住宅：1,000萬～5,000萬，選擇一般主管／高階主管。
  - ✓ 豪宅：＞5,000萬，選擇高階主管。
  - ✓ 廠辦：月租＞20萬，選擇私人企業。

- 〔模擬〕找到定位 Positioning

  四個物件（剛性住宅、一般住宅、豪宅、廠辦）都要做知覺定位

圖。以下面的**豪宅～知覺定位圖**示範說明。由客戶要的，自己強的，對手弱的，判斷出 Top 2 關鍵變數是科技與管理，把自己放在右上角，其餘主要對手放在其他象限，再往下寫出定位（To Have）、承諾（To Do）和 Slogan（To Be）：

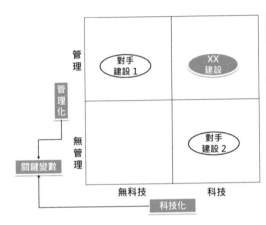

之後再用同樣步驟，找到剛性住宅、一般住宅、廠辦個別的產品定位。最後，記得要找到整個企業定位做為市場溝通大傘。例如企業定位：「數位智慧，環境共生，品牌永續～數位二代宅！」這樣 STP 矩陣就算完成囉！

King 老師即戰心法補帖

STP 矩陣之使用有兩個特色：

⮑ 統整化

有關 STP 的文章及工具很多，「STP 矩陣表」是我在前公司自行設計的實用表格，因為企業不會只有一個產品線，必須要經過統整才行。這張 STP 矩陣表，一目了然，易讀易懂，後來就成為公司產品經理共用的溝通表格。

⮑ 責任化

產品經理看橫的：這是一種由產品線出發，跨區隔市場的概念。以上面案

例來看，負責剛性住宅的產品經理，要兼顧到兩種目標客群（上班族及一般主管），如果這兩個客群分屬於兩位銷售經理，那麼產品經理就需要跟兩位銷售經理配合。

銷售經理看直的：這是一種由區隔市場出發，跨產品線的概念。如此一來，有時銷售經理就需要跟兩位以上的產品經理配合。

市場溝通看右邊：最右邊的定位，是市場溝通經理在看的，有個別的產品定位，做為產品的溝通主軸。最後再加上一個企業定位，做為企業的溝通大傘。

28 創意溝通
創意溝通,不是天馬行空

工具 ▶▶ 創意Slogan 10 版型

目的 ▶▶ 用科學方式產生有創意的Slogan,讓創意更快速,推廣更順利

　　2018九合一大選,高雄市長選舉出現奇蹟式翻盤,大家還記得某位市長候選人的競選Slogan——貨出得去,人進得來,高雄發大財!嗎?我再問各位,你是否記得其他縣市候選人的競選Slogan?

　　如果你想不起來,那就對了!因為行銷工作做久了,看過商品(候選人)及他們的競選Slogan,就大概知道這位候選人的後續發展。為何Slogan這麼重要呢?因為好的Slogan,會如同病毒迅速擴散,每喊一次口號,就等於在心上刻一道印痕,知名度及好感度立刻往上攀升。

設計創作一句創意Slogan，有時靈感一來，再加上文字押韻能力，就可以信手拈來，但既然本書談的是技術，我們就用較為科學的方法來運作，不但速度快，而且保證產出品質穩定。在這個章節裡，我所提供的工具是【創意Slogan 10版型】，下面就直接舉例說明，以King老師之職場五力Slogan發想設計示範介紹。

案例 ▶▶ King老師之職場五力Slogan

(創意 Slogan 10版型) 職場五力

1 一行型
XXXXXXXXXX
成功方程式就是
將對的經驗不停的複製及改良

2 對仗型
XXXX , XXXX
百億傳奇，見證奇蹟

3 斷句型
XX , XX , XX
整合，高效，實戰

4 提問型
你的+行為或東西+什麼了嗎?
你的即戰力升級了嗎?

5 利益型
特定族群+必X+的什麼
上班族必備的職場武功秘笈

6 時事型
當紅人事+也怎樣+的什麼
連韓市長也不得不佩服的創新模式

7 數字型
數字+權威人士+怎樣+的什麼
100個總經理極力推薦的職場五力課程

8 矛盾型
做了什事+反差+的什麼
一堂上了不想告訴別人的課程

9 關鍵型
關鍵字的搭配
(關鍵字)
職場,專業,企業,高效,流程,成功,方程式,實戰
百億,升官,加薪,五力,升級,外商,主管,思考
溝通,銷售,企劃,領導,50技,一學就會,即戰力
(抽取關鍵字,組合如下)
書名:「一學就會!職場即戰力」
技術:「職場五力實戰50技」

10 組合型
前9型之組合變化
你的即戰力升級了嗎?
一堂上了不想告訴別人的課程!
~前HP百億主管,跟你一起打造屬於你的成功方程式

（請參考左頁這張職場五力Slogan設計版型整合心智圖）

▶ **一行型**〔版型1〕→ 呈現出一種容易理解的說明與傳播

- 版型：**XXXXXXXXXX**
- 說明：選取簡單又有意義的一段話，有時是最直接的傳達。
  各位還記得有個Slogan——科技始終來自人性嗎？這個Slogan讓
  它的產品賣翻天，當然前提是這個產品要夠好。
- 示範：成功方程式就是將對的經驗不停的複製及改良。

▶ **對仗型**〔版型2〕→ 呈現出一種詩詞的美感

- 版型：**XXXX , XXXX**
- 說明：一般是三個字到五個字對仗，六個字以上就不好記，可押
  韻，也可不押韻。例如，貨出得去，人進得來，專注完美，近乎
  苛求，就是採用對仗的方式。
- 示範：百億傳奇，見證奇蹟。

▶ **斷句型**〔版型3〕→ 呈現出一種節奏與氣勢

- 版型：**XX , XX , XX**
- 說明：一般是兩個字，採用斷句方式呈現，像古道、西風、瘦
  馬，就屬於這一類型。
- 示範：整合，高效，實戰。

▶ **提問型**〔版型4〕

- 版型：**你的＋行為或東西＋什麼了嗎？**
- 說明：透過提問，喚醒溝通對象的自我對話，引出潛在需求。
- 示範：你的即戰力升級了嗎？

▶ **利益型**〔版型5〕

- 版型：**特定族群＋必X＋的什麼**
- 說明：「特定族群」就是你想要做的目標市場，「必×」可以是
  必備、必要、必須……，「的什麼」是一種事物或利益的陳述。

- 示範：<u>上班族必備的職場武功秘笈。</u>

➤ **時事型**〔版型6〕

- 版型：**當紅人事＋也怎樣＋的什麼**
- 說明：利用當下最火紅的人事來襯托出溝通的強度。
- 案例：<u>連韓市長也不得不佩服的創新模式。</u>

➤ **數字型**〔版型7〕

- 版型：**數字＋權威人士＋怎樣＋的什麼**
- 說明：用一個量化的該產業權威人士為產品做推薦與保證。
- 示範：<u>100個總經理極力推薦的職場五力課程。</u>

➤ **矛盾型**〔版型8〕

- 版型：**做了什事＋反差＋的什麼**
- 說明：用反差矛盾來引起注意力與好奇，這是一種很有力的技巧，很多小編會故意下反差標題來引起讀者的注意。
- 示範：<u>一堂上了不想告訴別人的課程。</u>

➤ **關鍵型**〔版型9〕

- 版型：**關鍵字的搭配**
- 說明：用自由聯想方式列出一堆跟主題相關的關鍵字，越多越好，以便萃取與組合。
- 示範：職場五力相關關鍵字有<u>職場</u>、<u>專業</u>、<u>企業</u>、<u>高效</u>、<u>流程</u>、<u>成功</u>、<u>方程式</u>、<u>實戰</u>、<u>百億</u>、<u>升官</u>、<u>加薪</u>、<u>五力</u>、<u>升級</u>、<u>外商</u>、<u>主管</u>、<u>思考</u>、<u>溝通</u>、<u>銷售</u>、<u>企劃</u>、<u>領導</u>、<u>50技</u>、<u>即戰力</u>……。
用這些關鍵字就可以挑選組合出這本書的書名《<u>一學就會！職場即戰力</u>》，以及核心技術「<u>職場五力實戰50技</u>」，甚至上一本書名《職場五力成功方程式》都可輕易產生。

➤ **組合型**〔版型10〕

- 版型：**前9型之組合變化**

- 說明：以前9型互相組合與補強，做出主標與副標，變成主從層次的有效溝通。
- 示範：例如我要開一堂職場五力的課程，抽取前9型的組合，產生創意Slogan做成DM：

你的即戰力升級了嗎？〔提問型〕

一堂上了不想告訴別人的課程！〔矛盾型〕

～前HP百億主管跟你一起打造屬於你的成功方程式〔一行型〕

King 老師即戰心法補帖

⊃ 產品強度

一個再好的Slogan，也必須要有本質好的產品，才能相得益彰，否則再怎麼強大的Slogan，反而會突顯出產品的缺點。

⊃ 定位連結

創意Slogan跟溝通力【價值型】黃金圈溝通有很直接的連結，所以創意Slogan最主要的使命，就是傳達企業或產品的價值與定位。

⊃ 真實程度

創意Slogan本身就是一種藝術，既然是藝術，當然也會有誇飾的成分，大概保持在「七分真，三分誇」的狀態，就是一個很好的Slogan設計。

29 品牌管理
品牌就是消費者對你公司的認知

工具 ▸▸ 品牌藍圖8元素

目的 ▸▸ 長期經營在目標客群中的內在認知與忠誠度

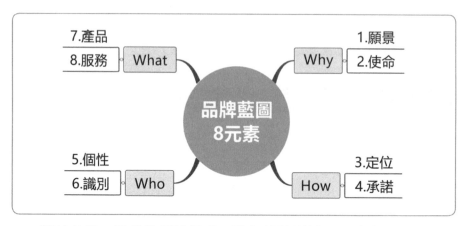

關於品牌，涵蓋的領域很廣，諸如品牌願景、品牌文化、品牌建立、品牌經營、品牌策略、品牌識別、品牌定位、品牌形象，品牌故事……等等，很難一言以蔽之，因此，品牌的本質就是消費者內心對產品或服務的一種綜合認知與感受。總而言之，品牌是需要被管理的，所以我把這個技術稱為「品牌管理」，使用的工具是【品牌藍圖8元素】。

在溝通力【價值型】中，黃金圈溝通談的是Why（為什麼）／ How（怎麼做）／ What（做什麼），因為品牌關聯到目標客群，所以會加上Who，成為Why、How、Who、What，然後往下展開：

➤ Why — 願景、使命

1. 願景：設定企業核心價值，希望成為一個什麼樣的企業。

2. 使命：根據願景，公司需要做什麼事，承擔什麼樣的任務。

➤ How — 定位、承諾

3. 定位：同STP矩陣中的P，自己最強的關鍵要素是什麼。

4. 承諾：要跟客戶許下什麼樣的效益與保證的承諾。

➤ **Who — 個性、識別**

5. 個性：鮮明的品牌個性，可突顯品牌特質，連結客戶情感需求。

6. 識別：品牌個性的有形商標，識別連結便會產生歸屬與忠誠。

➤ **What — 產品、服務**

7. 產品：提供目標客群什麼樣的有形或無形商品。

8. 服務：提供目標客群什麼樣的銷售前中後期服務。

案例 ▶▶ 創新未來學校的品牌藍圖

還記得2016年5月，我在創新企劃公開班試教「心智圖於職場之高效應用」，教到黃金圈的版型應用時，鄭老師忽然喊暫停，很興奮的說下課十分鐘，讓他去找出公司的品牌藍圖，並試著跟心智圖架構結合。之後看到他一手創立的創新未來學校品牌藍圖時，當下真是感動萬分，果然不愧是我最欣賞與尊敬的教育家！

下面這一張心智圖，就是用心智圖法將鄭老師創新未來學校之品牌藍圖8元素做結合，原來品牌管理可以這麼簡單！

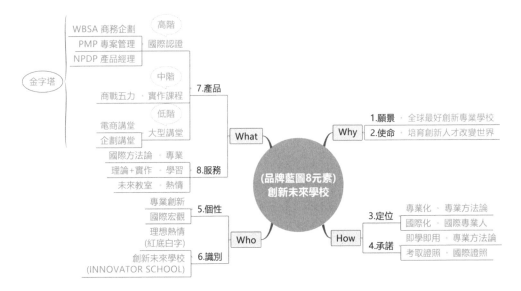

➤ **Why**

- 〔**1.願景**〕希望成為全球最好的創新型專業人才培訓學校。
- 〔**2.使命**〕培育創新人才改變世界，不只是為了營利，更不是補習班，而是為台灣培育國際化人才。

➤ **How**

- 〔**3.定位**〕專業化與國際化，是當前學員最需要的，也是創新未來學校最強的兩個關鍵要素。在專業化部分，引進國際專業方法論培訓認證，例如WBSA商務企劃、PMP專案管理、NPDP產品經理，致力於將學員訓練成國際化專業人才，並進一步取得國際專業人才證照。
- 〔**4.承諾**〕課程設計即學即用，幫助學員穩固專業實力，同時輔導考取國際證照，增加其職場核心競爭力。

➤ **Who**

- 〔**5.個性**〕專業創新，國際宏觀，跟定位一致。
- 〔**6.識別**〕創新未來學校INNOVATOR SCHOOL（理想熱情之紅底白字）。紅色是最能展現出熱情的顏色。

➤ **What**

- 〔**7.產品**〕採用金字塔之分級商業模式。

    ✓ 國際認證：WBSA商務企劃、PMP專案管理、NPDP產品經理。

    ✓ 實作課程：商戰五力系列課程。

    ✓ 大型講堂：以平價的大型講堂（電商講堂、企劃講堂）大量吸收學員，並鼓勵其往上進階，把學員都當成創新未來學校的學生看待，幫助他們終身學習。

- 〔**8.服務**〕創新未來學校所提供服務，就是讓學員感受到專業、學習、熱情。引進全球最先進的國際專業方法論，學習方式採理

論加上實作並行，並打造創新未來教室激發學員的學習熱情，傳達未來學校一貫的精神。

King 老師即戰心法補帖

品牌管理、黃金圈、商業模式之連結：

⊃ 品牌管理 vs 黃金圈

黃金圈由Why、How、What組成，而品牌管理則提到Why、How、Who、What，所以品牌管理就是黃金圈加上Who（個性與識別）。

⊃ 品牌管理 vs 商業模式

如果商業模式是一個商業邏輯，關注的是創新經營，那麼品牌管理就是一種商業藝術，關注的是情感連結，而在商業模式中價值主張，其實跟品牌管理的意涵是一致的。

30 產品策略
產品跟人一樣，也有生老病死

工具 ▶▶ 產品生命週期

目的 ▶▶ 了解產品生命週期的過程，並在對的時間，做對的事情

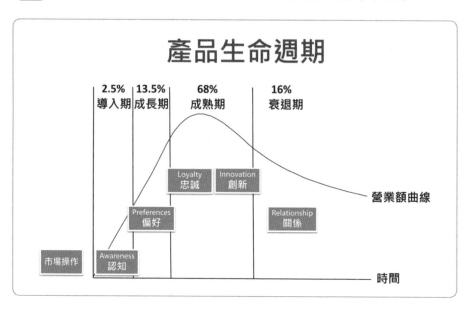

產品生命週期

由「策略」流程進到「執行」流程，是一個由戰略進入到戰術的連續動作。在「執行」流程中，我們會來到所謂的4P。市場上已經有人談到7P，但本書既然是以簡單易懂為出發點，我想就4P本質來討論，應該會是一個較為快速且有效的切入方式。

4P行銷組合指的就是**Product（產品策略）**、**Price（價格策略）**、**Place（通路策略）**、**Promotion（促銷策略）**，而這一技要談的是產品策略，運用的工具是【產品生命週期】。

產品生命週期可分四個階段，各有不同操作重點：

一、導入期

• **狀況**：新產品剛導入市場，這個時期的特徵是產品沒有人知道，

只有少數大膽的創新購買者（約佔總顧客數2.5％）會成為第一批顧客，市場上競爭者非常少，銷售量與獲利都低。

- 操作：**提升認知（Awareness）**，主要動作就是要跨越市場鴻溝。就像現在的電動汽車，最該做的就是讓使用者接受電動車的好處，消除電動車的充電疑慮，根本不用管競爭的問題。
- 指標：知名度。

二、成長期

- 狀況：若導入期發展順利，成功跨越了市場鴻溝，產品將進入下個階段，稱為成長期。透過創新購買者的口碑，吸引早期使用者（約佔總顧客數13.5％）開始購買，此時競爭對手開始加入市場，銷售量快速增加，獲利也快速成長。
- 操作：**提升偏好（Preferences）**，主要的動作就是擴充銷售管道，以搶奪市佔率為首要。90年代，我經歷了印表機暢行的年代，最主要任務就是擴充一家家通路，積極站穩市佔率就對了！
- 指標：指名度。

三、成熟期

- 狀況：成長期順利發展，將逐漸進入產品成熟期，中間大量的消費者（約佔總顧客數68％）加入採購行列，將產生高營收與穩定獲利，為公司帶進大量的現金流。

  ➲ 成熟期分為前期跟後期，各佔34%，前期是市場成長緩升，後期是市場開始緩降。

- 操作：前期**確保忠誠（Loyalty）**，後期**啟動創新（Innovation）**。前期→主要動作要樹立標準化。例如，想到印表機就想到HP，HP就得努力制定標準驅動程式與技術；想到手機就想到Apple，Apple就得努力制定手機的標準平台與技術。這階段最該關注的就是標準化的制定。

後期→產品已高度標準化，且該買的大都買了，此時最主要動作就是要找到新的商業模式或新市場。例如，你看周杰倫又是唱歌，又是拍電影，並且往大陸發展，就是因為在台灣，他這個商品已經進入成熟期後期，必須搞創新了。

- **指標：**前期為忠誠度，後期為創新度。

四、衰退期

- **狀況：**產品經歷成熟期之後，逐漸步入衰退期，這時只有落後型消費者（laggard customers，約佔總顧客數16％）會購買，大部分的弱品牌已退出競爭，產品的營收大幅衰退，獲利平平。
- **操作：**保持**Relationship（關係）**，主要動作就是跟原有客戶保持緊密關係，以備讓他再購買公司下一波新產品。
- **指標：**關係度。

（案例）▶▶前公司之印表機事業群4P操作～產品（Product）篇

從這個章節開始，接下來會把4P分成四篇介紹，由於其具有連貫性，所以都是以我在前公司的H牌印表機經營操作為例，整個過程涵蓋不同的階段，讀起來比較真實生動，並且便於讀者融會貫通。

在我當印表機產品經理期間，因為印表機本身是一個產品群，有很多不同系列的印表機，剛接這工作的時候，幾乎所有的印表機都用同種市場操作方式，如今回想起來，真覺得有點無知。

首先，簡單做個產品介紹（串聯整個4P案例）：

- 數位複合機：影印機的進化，具備數位管理與整合功能。
- 多功能事務機：傳真機的進化，具備數位管理與整合功能。
- 彩色雷射：即彩色雷射印表機，具備4支碳粉匣。
- 黑白雷射：即黑白雷射印表機，具備1支碳粉匣。
- 熱泡噴墨：早期的噴墨印表機，具備2顆墨水匣。

下圖為H牌印表機系列的產品策略：

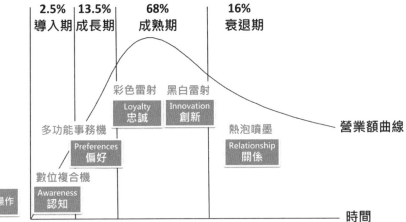

> ➤ **導入期（數位複合機）**

操作重點在跨越市場鴻溝，提升產品知名度。

數位複合機在當時是一個全新的概念，只要告訴消費者，這是個什麼樣的東西，就夠了。

> ➤ **成長期（多功事務機）**

操作重點在擴充通路，搶市佔率，提高客戶指名度。

多功能事務機整合了列印、掃描、傳真、影印，且體積輕巧，所以上市後很快就來到了成長期，當時我們的操作方式就是不停的擴充通路，不管是門市、賣場、電商、商用通路，甚至辦公室家具通路，逢人皆是友。

> ➤ **成熟期（前期：彩色雷射印表機；後期：黑白雷射印表機）**

前期操作重點在樹立標準化，確保客戶忠誠度。

彩色雷射印表機在當時已進入成熟期的前期，市場很大，技術分為in-line及4 pass兩種。簡單來說，in-line是新技術一次套印，4 pass是舊技術四次套印，而我在那時候提出的產品文案，重點就是要讓H牌in-line新技術成為市場標準化。

H牌彩色雷射印表機，全面採用in-line技術，具備速度快、零夾紙、輸出佳、無噪音：

- ✓ 速度快：四色齊上，列印速度快。
- ✓ 零夾紙：直通路徑，夾紙近乎零。
- ✓ 輸出佳：一次成像，列印品質佳。
- ✓ 無噪音：列印順暢，安靜無噪音。

這個建立技術新標竿的動作，讓H公司彩色雷射印表機的市佔率，從我剛接手的28%，在半年內變成65%，是我在當產品經理時，能力印證的一個很重要分水嶺。

後期操作重點在找新的商業模式或新市場，啟動產品創新度。

黑白雷射印表機是市場主力，也是營業額最大的產品，但它已經慢慢走向成熟期後期，這時該做的就是創新，例如引進行業解決方案，讓印表機不只是在公司列印，可能是用來做藥袋套印、帳單套印、行銷套印、浮水印加註，或印表機列印控管……等等，這樣才會讓黑白雷射印表機延長壽命。

➤ **衰退期（噴墨印表機）**

操作重點在與原有的客戶保持緊密關係。

噴墨印表機在雷射印表機上市之後，便漸趨式微，最好的方式就是不去大力推廣，讓它安然地慢慢下市，最重要是把這些客戶關係轉去採購雷射印表機。

產品的定義

關於產品定義，就廣義而言，任何能滿足目標客群的需求或利益者，包括實體的商品與非實體的服務，甚至無形的理念或價值觀等，皆可稱為產品，如右頁這張圖共分為三種類型：

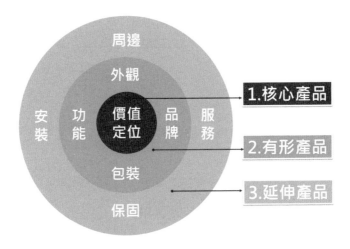

- **核心產品**：即價值定位，它能讓購買者因相信而得到心理滿足。
  例如→H牌雷射印表機～買得起的好品質。
- **有形產品**：包含品牌、功能、外觀、包裝。
  例如→H牌雷射印表機。
- **延伸產品**：包含周邊配件、安裝、保固、服務等。
  例如→H牌雷射印表機之碳粉匣、送紙匣、到府組裝、三年保固。

King老師即戰心法補帖

關於產品生命週期，可分為應用性和平衡性來探討：

⊃ 產品生命週期的應用性

產品生命週期除了用在產品的管理之外，就某種程度而言，地域或行業也是廣義的應用範圍。（以下舉例乃個人意見，僅供參考）

地域：例如一個負責亞太區的業務主管，就地域角度：

— 印度在導入期。

— 中國在成長期。

— 越南和泰國在成熟期前期。

— 台灣、韓國和日本在成熟期後期。

行業：例如從投資者的評估，就行業角度：

- 生技行業在導入期。
- 行動裝置在成長期。
- 筆電行業在成熟期。
- 輸出行業在衰退期。

➲ 產品生命週期的平衡性

回到產品生命週期的角度，從管理者來看，每個公司的產品，必須要平衡坐落在每個週期，如海浪般一波波的往前打。

如果一家公司到今天都只有成熟期產品，那麼註定這家公司明天就有大風險，因為這些產品將會在明天同時進入衰退期而同時下車。

㉛ 價格策略
你是賣價值，還是賣價格？

工具 ▶▶ 價值曲線

目的 ▶▶ 極大化收益，極小化衝突，極強化競爭

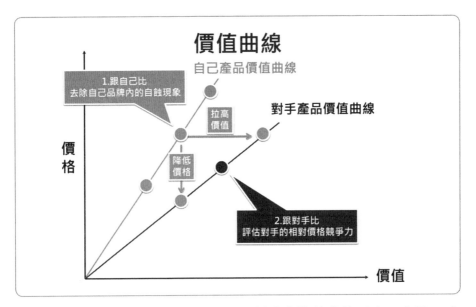

相較於其他3P，價格策略是唯一創造實際營收的元素，也是4P中最具挑戰性的元素。

對顧客而言，價格是客戶對於生產者加諸於產品價值最直接的感受。關於價格策略，大家會先聯想到訂價策略，這個會在後面的心法中提到，此章節要探討的重要工具叫做【價值曲線】。

價值曲線的概念，在我當產品經理期間非常受用，因為一個產品經理一般是看一整個產品線，而一個產品線通常會有很多型號，價值曲線有兩個功能：

• **跟自己比**：管理自己產品的自蝕現象。
• **跟對手比**：評估對手產品的相對競爭。

先舉個簡單的例子，下圖是進口車X牌與進口車A牌的休旅車比較：（模擬虛構，若有雷同，純屬巧合）

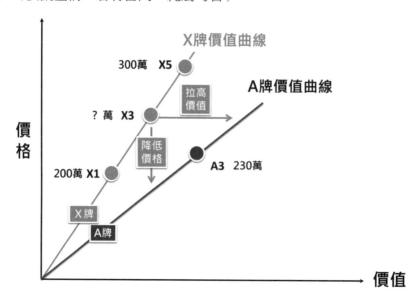

一、跟自己比：管理自己產品的自蝕現象

所謂的自蝕現象，進口汽車X牌有一輛很暢銷的休旅車叫做X5（售價大約300萬），之後又發表一台基本款休旅車叫做X1（售價大約200萬），而對手A牌有一款介於X1與X5中間規格的休旅車叫做A3，售價只要230萬，所以X牌X1及X5都被打到。於是X牌決定出一款跟A3一樣規格的X3來對抗它，這時候的訂價就要非常小心。

有人說，既然規格都一樣，X3的價格也應該訂在230萬，請問這是對的嗎？依我個人看法，這是錯的。因為在X3還沒打到A3的時候，已經先打到自己的X1和X5，就算台數總量不變，總體營業額也可能是下降的。至於這題該怎麼解，答案就在價值曲線。

要先檢查自己的產品線訂價是否在同一直線上，因為X1要賣200萬，X5賣300萬，我認為X3的訂價就應該訂在250萬，消費者才會最佳化的均衡分布。

二、跟對手比：評估對手產品的相對競爭

很清楚的，若X牌X3訂價是250萬，可能打不過A牌A3，A3處於X3的東南方（從左頁這張圖來看，東南方表示有較強的CP值競爭力）。此時X3有兩種做法，降低價格或拉高價值，讓X3進入A3的價值曲線當中。

降低價格是最危險的動作，因為若只有X3降價，會先產生自蝕現象，但若X1、X3、X5同時降價，量都還沒起來，就已經先把總體營業額給降下來了。最好的方法就是持續訴求自己的價值定位，就算跟對手有價差，也不用太擔心，因為畢竟X牌仍具有品牌優勢。

案例 ▶▶前公司之印表機事業群4P操作～價格（Price）篇

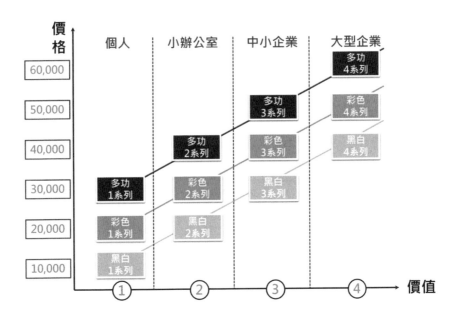

2004那一年，雷射印表機分三種類型，所以當時我們宣告H牌印表機將會兵分三路，全面滿足客戶。這三路分別是多功型、彩色型、黑白型，但問題來了，每種類型各自有1、2、3、4系列，共十二種機器，價

格該怎麼訂才不會互相打成一團呢？那時我就是使用價值曲線來制訂價格。（請參考237頁H牌印表機系列的價值曲線圖）

➤ 跟自己比

管理自己產品的自蝕現象。根據H牌印表機系列價值曲線圖，分別從價值曲線、價格與價值三個角度切入分析：

- **從價值曲線的角度**

  三種類型產品的價值曲線都呈一條直線，這代表同類型之間不會有自蝕現象。

- **從縱軸之價格角度**

  價格從10,000 到 60,000，分為六個價格帶，操作方式是同樣價格，但不同類型、不同系列，例如一樣是40,000元，可買多功2系列、彩色3系列或黑白4系列，這樣操作會變得簡單且易於記憶。

- **從橫軸之價值角度**

  從1系列到4系列，每種類型產品規格分四個系列，操作方式是同樣系列，但不同類型、不同價格，例如一樣是2系列，黑白要20,000，彩色要30,000，多功要40,000，這樣操作也會變得簡單且易於記憶。

  ➲ 這張價值曲線圖，某種程度也是一種產品組合管理（Product Portfolio management），產品組合管理的第一個動作，便是要把自己產品系列的價格及規格做最佳均衡布署。

➤ 跟對手比

評估對手產品的相對競爭。至於對手的位置在哪裡呢？無庸置疑的，因為對手的品牌比較弱，所以一定會位於東南方，但身為領導品牌（如同前例X牌），該做的就是持續強化品牌及提升價值，不可貿然做出價格跟進動作。

在價格策略這個章節最後，還要跟大家分享另一個很重要的概念，就是訂價策略。簡單來說，最好的訂價就是客戶可以接受的最高價格。訂價策略會因所處產品生命週期及品牌之強弱，分為三種範式：

➲ 價值訂價

狀況：一般是導入期或強勢品牌。

說明：也稱為客戶訂價或品牌訂價，以客戶對產品及服務的價值認知來訂價。例如 LV，一旦降價，客戶反而不想買，這就是很典型的價值訂價。

➲ 成本訂價

狀況：一般是成長期或非強勢品牌。

說明：比較屬於標準化的產品，價格區間已被認定，市場上也有競爭者，所以只能用成本來往上加，看賺多少毛利合理。

另外，如果是衰退期，也可能會用到成本訂價，慢慢收尾，這之間只要不賠錢就可以。

➲ 競爭訂價

狀況：一般是成熟期或非強勢品牌。

說明：如果規格很標準化，且競爭者眾多，這時候是買方市場，唯一能做的就是祭出最有競爭力之價格，盡量降低成本迎戰。

32 通路策略
通路管得好，終日沒煩惱

工具 ▶▶ 通路架構

目的 ▶▶ 了解整個通路板塊的層次、大小和流向

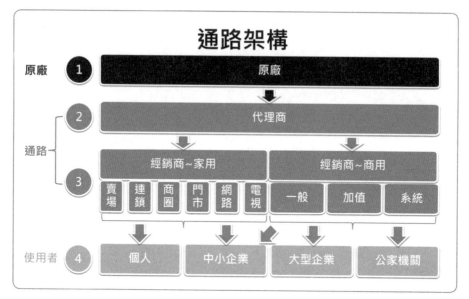

通路，也稱經銷商，如上圖❷❸的部分，其介於原廠跟使用者（終端客戶）之間，扮演著金流、物流、資訊流、服務流的重要角色。就廣義來說，通路也可說是從原廠，經過通路，到達終端使用者，其間需要通過的所有路徑，我們稱之為市場路徑（Go-To-Market path）。

以下就整個市場路徑的四個層次逐一說明：

一、原廠

泛指所有的品牌經營商，例如：HP、Asus、Acer、Sony、Apple、Lexus、BMW、某銀行、某醫院、某電信公司、某航空公司、高鐵、台積電……等等。特別要注意的是，每一個區塊都可能是多重身分，例如某銀行是提供貸款的原廠，但它可能是某家國外基金的通路，也可能是

某家科技公司產品的終端使用者。

二、代理商

通路的一種，直接跟原廠有財務交易的單位，又稱為配銷商，主要任務是幫助原廠做下一層經銷商的照顧（coverage）與交易（dealing），以及協助原廠做品牌推廣與相關進貨、銷貨、庫存的動作，一般行話叫做進銷存。

三、經銷商

通路的一種，跟代理商有直接交易，與原廠算是間接關係，是真正接觸終端使用者的一群人，一般可分為**家用**與**商用**兩種：

➤ 家用經銷商

分為實體及虛擬兩種：實體有賣場、連鎖、商圈、門市；虛擬則有網路和電視。

〔實體〕

- **賣場**：指量販店等大型賣場，例如家樂福、大潤發、Costco、特力屋……等。
- **連鎖**：連鎖店是同一品牌的零售商，通常有標準化的商業模式及中央集團管理，例如燦坤、順發、7-11、康是美、屈臣氏……等。
- **商圈**：又稱為商業中心、商店街，是指城市中由商店、商場、餐館、辦公室等商業設施所組成的主要商業精華區，例如光華商場、建國商場、信義商圈、逢甲商圈或夜市。
- **門市**：所有家用實體通路，都是以「門市」的方式呈現，而這裡的門市，指的是一些社區型的單點小門市。

〔虛擬〕

- **網路**：隨著行動裝置的大幅成長，以及網路的全面普及化，網路購物是最新興的通路，且有逐年增強的趨勢，例如PChome、Yahoo、MOMO、露天、蝦皮、淘寶網……等。

- **電視**：透過一些很會推銷的名嘴或銷售人員，以電視叫賣方式來銷售，一般是用來觸及不想到實體店面消費，而且不愛使用行動裝置下單的族群。

➤ **商用經銷商**

分為一般經銷商、加值經銷商、系統經銷商。

- **一般經銷商**：指沒有門市，以經營中小企業為主的經銷商。
- **加值經銷商**：指有能力把原廠產品加上自己解決方案或服務的經銷商。例如KTV加值經銷商，跟代理商買投影機，但不是只轉賣投影機，而是賣一整套屬於KTV總體設備及軟體整合的加值服務。
- **系統經銷商**：指以經營公家機關大型標案為主的經銷商。一次標案中可能會涵蓋很多產品，這類公司必須很熟悉整個標案的流程與文化，而且需要有很強的財務、系統整合及總體服務的能力，例如電腦業的大同、神通、國眾。

四、使用者

就是終端客戶，其分法有幾種：

- **規模**：可分為個人、中小企業、大型企業、公家機關。
- **行業**：可分為金融、證券、銀行、壽險、電信、製造、運輸、服務、醫療……等。

至於公家機關，可再用性質細分為學校、軍方、五院、八部及其展開各城市鄉鎮的區域單位……等。

從240頁通路架構圖來看，個人會跟「家用經銷商」採買，中小企業會跟「家用經銷商」或「商用一般經銷商」採買，大型企業會跟「商用一般或加值經銷商」採買，而公家機關則是會跟「商用加值或系統經銷商」進行採購。

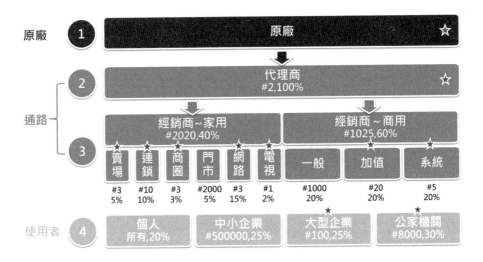

案例 ▶▶ 前公司之印表機事業群4P操作～通路（Place）篇

如上圖，H牌通路架構在職場最主要的應用有兩個：**業績設定**和**組織擺設**。

➤ 業績設定

過去我在做通路業績設定時，大腦第一時間就會飄出這一張圖，這張通路架構圖只要一出現，答案就全部跑出來了。

➲ 這張圖中的每一區塊，「#」代表家數，「%」代表佔整個原廠產品營業額的比例，每一層由左到右加起來都是100%，當總體產品業績沒有達到時，也可一眼看出是哪一個通路區塊出問題。

➤ 組織擺設

如果你是原廠的工作，這個觀點就很重要了，注意看圖中標示星號處，就是有其重要性及集中性，也就是原廠必須擺設人力的地方。

- 原廠：產品經理，負責整個產品的行銷企劃。
- **代理商**：代理商經理，代理商雖然只有兩家，但需要有業務去洽談進銷存的管理，代理商的進貨與否，攸關原廠的存活。
- 經銷商：除了一般家用門市及一般商用經銷商交給代理商看管之

外，其餘建議都要有專人看管，一方面掌握重要經銷商，一方面取得與代理商談判的籌碼。

- **使用者：**建議大型企業及公家機關主要客戶（Major account）要有很懂行業Know-how的專業人員負責管理。根據筆者的經驗，一個人最多分配二十五家主要客戶，一方面掌握最終端客戶的需求，一方面取得與商用經銷商談判的籌碼，而個人及中小企業，可交給家用經銷商及一般商用經銷商來看管。

King 老師即戰心法補帖

關於通路策略有兩個觀點提供參考：

⊃ 搭配產品生命週期

導入期：尋找利基通路。因為導入期正在尋找利基市場，所以當然是配合利基通路。

成長期：大量擴充通路。成長期也就是極大化市佔率，所以要放大通路，盡量鋪貨。

成熟期：布署多元通路。因為創新動作就是在尋找新市場，所以通路可以變得多元，例如多功能事務機及複合機就可以去洽談OA辦公家具通路，才能觸及取代舊有傳真機或影印機市場。

衰退期：固定既有通路，保持關係，安全收尾即可。

⊃ 企業內部之通路

曾經有家銀行問我：「我們既沒代理商，又沒經銷商，請問我們的通路在哪裡？」

我的回答是：「公司內部其他單位也可視為一種通路，有的銀行將分行稱為通路事業部，就可以知道內部其他部門也是一種通路的廣義概念。」

（該銀行的通路架構圖請見右頁）

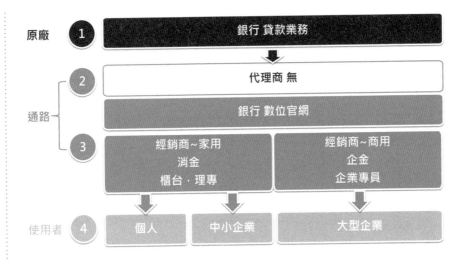

銀行的產品，例如貸款、理財、信用卡、數位金融……等等，都是一種原廠的概念。

這家銀行的產品是沒有代理商這一層的，所以在代理商處給予空白，而銀行數位官網就是對外溝通的基本平台，其家用通路是自家的消金（又稱個金）體系，業務就是櫃台人員或是理專；商用通路則是自家的企金（又稱法金）體系，業務是企金的企業專員。

再往下，消金會對應到「個人」及「中小企業」，而企金就會對應到「大型企業」。像這樣經過舉例說明，各位對於企業內部通路有些概念了嗎？

33 促銷策略
促銷不要只是送贈品

工具 ▶▶ 促銷活動30招

目的 ▶▶ 透過促銷活動30招的挑選與組合，讓你瞬間成為促銷達人

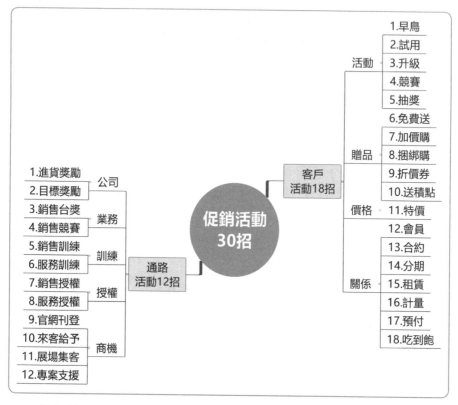

　　做促銷活動的主要目的就是為了提升銷量，可能是新上市產品推廣，或是跟對手競爭、刺激重複購買等等，反正就是跟銷售有關。

　　而我在職場25年，從一個菜鳥業務做到外商高階主管，好像沒看過有人能夠很清楚地分辨企劃（Planning）、行銷（Marketing）、促銷（Promotion）、活動（Program）這四個名詞。以下就用一張心智圖，馬上讓你一次搞懂！

答案是：**企劃（Planning）＞行銷（Marketing）＞促銷（Promotion）＞活動（Program）**。

有些人常把促銷跟活動混淆，例如買汽車送電視，嚴格來講，這個叫做活動，不叫促銷。**促銷＝活動＋溝通**。（溝通的範疇涵蓋了公關、數位、人員、直效、廣告，將在下一章節詳述）

回想當年，我剛接任產品經理，整天促銷活動不斷，亂做一通，最常做的就是買A送B，好像變不出什麼花樣，經過20年反覆磨練，整理多年經驗歸納出一套功夫秘笈～促銷活動30招。透過【促銷活動30招】的挑選與組合，讓你瞬間成為促銷達人。

一般來說，促銷活動有客戶活動（Pull Program）及通路活動（Push Program），在此分為**客戶活動18招**及**通路活動12招**。每一分類，都有其適用時機與目的，當然這並不是絕對的，有時可以在另一時機使用，或合併使用，以下逐一列舉說明：

一、客戶活動18招

➤ 活動式〔1 → 5招〕

就是在買方購買時，賣方以活動或事件的方式進行促銷。

時機：**適用於新產品導入期。**

目的：吸引第一批的首購者。

- **早鳥**：上市前購買有特惠或優待，讓人想嘗鮮而促進購買。
- **試用**：提供購買者試用或體驗，讓人產生信心而促進購買。
- **升級**：利用人們喜新厭舊的心理，在升級的同時，因舊產品仍具備殘值而促進購買。
- **競賽**：以競賽方式產生話題，進而刺激購買。
- **抽獎**：以昂貴大獎產生話題，進而刺激購買。

➤ 贈品式〔6 → 10招〕

就是在購買時，提供贈品或贈品之變形。

時機：適用於產品成長期或成熟期之市場競爭。

目的：讓想購買此產品的客戶，因為贈品而選擇你的品牌。

- **免費送**：買A產品，就送B贈品。

  建議這個B贈品最好跟A產品有連結性，這樣的活動才顯得出價值，例如買健身房會員，送教練課程。

- **加價購**：買A產品，加多少錢就可買B產品。

  如果B產品也跟A產品是同一品牌，是更佳的擴大銷售方式。

- **捆綁購**：買A產品加B產品，就可提供捆綁特惠價。

  這個特惠價，一定要比A產品加B產品的原價便宜很多，才有吸引力。如果B產品也跟A產品是同一品牌，則是更佳的擴大銷售方式。

- **折價券**：買A產品，就送折價券。

  折價券是一種贈品的變形，只是這個折價券必須伴隨下一次重複購買（repeat order）才會生效，這是一種很好的回客手段。

- **送積點**：買A產品，就送積點。

  積點也是一種贈品的變形，讓客戶因為想累積點數而持續購買你的產品，例如加油卡、航空機票、便利商店等積點活動。

➤ **價格式**〔第11招〕

就是直接降價。

時機：適用於價格高敏感度之競爭或尾盤貨處理。

目的：在價格高敏感度競爭中生存，或出清尾盤貨庫存。

- **特價**：直接給客戶更低的價格。

  這裡要注意，一旦降價，就拉不回來，所以除非是迎接不同款的新產品上市，一般領導品牌不該任意降價。

➤ **關係式**〔12 → 18招〕

就是跟客戶建立非一次性之消費關係。

時機：任何時機皆可適用。

目的：在跟客戶建立關係的期間，極大化客戶之消費與忠誠度。

- **會員**：利用「會員」方式，進行會員獨享之操作。

  這也是建立粉絲團的另類概念，有利於客戶的長期經營。

- **合約**：利用「簽約」方式，綁住客戶之期間忠誠。

  這跟會員的操作手法類似，差異在於簽約具有法律效度。

- **分期**：降低購買門檻，分期攤還，吸引財力較弱之消費者。

- **租賃**：降低購買門檻，按月繳租，有利於企業財務之操作。

- **計量**：利用「不多付」的心理，使用多少，就付多少，例如瓦斯、水電或網路流量。

- **預付**：利用「方便付」的心理，先付一筆錢，使用時直接扣款。

  這是一種很利於賣家的方法，例如悠遊卡或洗衣店，如果平均每個客人留下30%的預付金，東家便可以先拿去做財務槓桿，這跟刷卡再結算支付，是一種完全相反的概念。

- **吃到飽**：利用「任你用」的心理，只要支付一筆費用，便可以無限使用，例如299元火鍋吃到飽；也可跟合約同時使用，例如電

信業之網路吃到飽。

二、通路活動12招

➤ 公司〔1 → 2招〕

時機：<mark>需要通路協助進貨時。</mark>

目的：提升公司之銷貨營業額。

- **進貨獎勵：**進貨到指定台數，就有獎勵。

  一般指活動期間所定之目標，屬於隨機式活動。

- **目標獎勵：**進貨到目標金額，就有X％的獎勵。

  一般指原先已訂好合約之年度目標，但可以季來計算。

➤ 業務〔3 → 4招〕

時機：<mark>需要通路銷售人員大力銷貨時。</mark>

目的：幫通路去化庫存，以利再度進貨。

- **銷售台獎：**舉辦通路業務個人獎勵。

  一般適用在家用門市業務，因為在商用通路較難統計。

- **銷售競賽：**舉辦通路業務銷售競賽，得勝者可得到Top Sales獎盃或出國旅遊。

  還記得我當年為了HP夏威夷頒發的總裁品質獎（Present quality award），使盡全力打拚，到現在那個獎盃還擺在我家的書櫃上，這種光榮感會伴隨一生，是一招很推薦的激勵招式。

➤ 訓練〔5 → 6招〕

時機：<mark>需要通路銷售人員或服務人員具備專業能力。</mark>

目的：提升通路之總體戰力，整個銷售自然就會提升。

- **銷售訓練：**訓練銷售及成交技巧，也是一種激勵。

  因為課程是要錢的，而且銷售技能是通路的生財本領。

- **服務訓練**：銷售前期、中期、後期的服務訓練。

  有好口碑的服務，才會提升客戶滿意度，進而有回購之商機產生。

▶ 授權〔7 → 8招〕

時機：**某些企業或公家機關，需要原廠提供連帶之授權保證。**

目的：以授權為籌碼，要求通路提升專業或做為進貨談判。

- **銷售授權**：有些很好的產品，並不是通路想賣就有得賣，銷售授權也是供應商很重要的一種籌碼。
- **服務授權**：服務本身是有價的，如果可以讓通路在服務這邊賺到錢，是種莫大的鼓勵。

▶ 商機〔9 → 12招〕

時機：**某些商機，需要通路協助合作，並進行銷售成交。**

目的：運用品牌商機的籌碼，與通路交換進貨意願。

- **官網刊登**：官網刊登某通路的公司寶號。

  這個做法等於是把生意在空中就Pass給通路了，當然要搭配進貨意願及服務能力才行。
- **來客給予**：客戶打電話進來原廠詢問所產生之商機，也可以Pass給通路。這種方式就跟官網刊登一樣，也要搭配進貨意願及服務能力才行。
- **展場集客**：遇到展覽的時機，通路攤位搶破頭，是找到客戶最快的方法，特別是領導品牌的攤位，當然也都要搭配進貨及服務能力才行。
- **專案支援**：可以說是活動的豪華版，專用於主力客戶的通路配置上，例如某園區某科技公司要筆電1,000台，要爭取特殊價格及原廠授權，而這可是原廠才有的天大籌碼。

案例 ▶▶ 前公司之印表機事業群4P操作～促銷（Promotion）篇

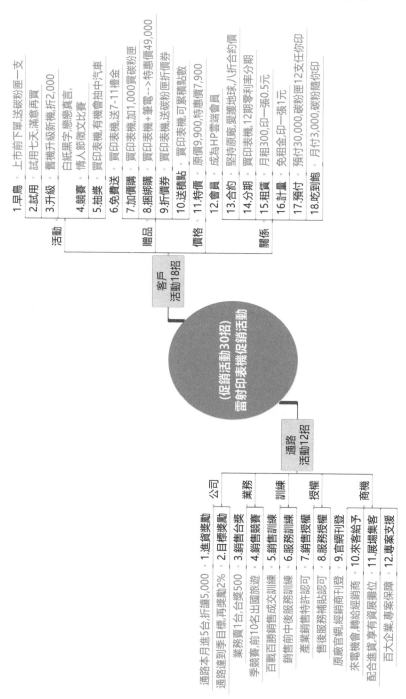

雷射印表機促銷活動
（促銷活動30招）

客戶
活動18招

活動
1.早鳥 ── 上市前下單送碳粉匣一支
2.試用 ── 試用七天,滿意再買
3.升級 ── 舊機升級新機,折2,000

4.競賽 ── 白紙黑字,戀戀真言,
情人節徵文比賽
5.抽獎 ── 買印表機,有機會抽中汽車

贈品
6.免費送 ── 買印表機,送7-11禮金
7.加價購 ── 買印表機,加1,000買碳粉匣
8.捆綁購 ── 買印表機+筆電→特惠價49,000
9.折價券 ── 買印表機,送碳粉匣折價券
10.送積點 ── 買印表機,可累積點數

價格
11.特價 ── 原價9,900,特惠價7,900
12.會員 ── 成為HP雲端會員
13.合約 ── 堅持原廠,愛護地球,八折合約價
14.分期 ── 買印表機,12期零利率分期
15.租賃 ── 月租300,印一張0.5元
16.計量 ── 免租金,印一張印1元

關係
17.預付 ── 預付30,000,碳粉匣12支任你印
18.吃到飽 ── 月付3,000,碳粉隨隨你印

通路
活動12招

公司
1.進貨獎勵 ── 通路本月進5台,折讓5,000
2.目標獎勵 ── 通路達到季目標再獎勵2%

業務
3.銷售合獎 ── 季競賽1台,合獎500
4.銷售競賽 ── 業務賽前10名出國旅遊

訓練
5.銷售訓練 ── 百戰百勝銷售成交訓練
6.服務訓練 ── 銷售前中後服務訓練

授權
7.銷售授權 ── 產業銷售特許認可
8.服務授權 ── 售後服務補貼認可

商機
9.官網刊登 ── 原廠官網,經銷商刊登
10.來客給予 ── 來電機會,轉給經銷商
11.展場攤位 ── 配合進貨,享有資展攤位
12.專案支援 ── 百大企業,專案保障

如左圖，H牌雷射印表機新上市，我以這台印表機上市促銷活動為例，把30個促銷活動走一次，提供示範參考。

▶ **示範：客戶活動18招**

• **活動式**

〔**1.早鳥**〕上市前下單，買雷射印表機送碳粉匣一支。

早鳥是新機上市最常用的一種活動，可刺激客戶提前消費，並製造第一波熱潮。

〔**2.試用**〕可申請試用七天，滿意再購買。

試用記得要有條件，例如限量50台，或試用完要提供使用心得之類的。

〔**3.升級**〕憑任何一款舊款雷射印表機，購買新機，折2,000元。

這招可牢牢抓住原來同品牌的使用者。

〔**4.競賽**〕白紙黑字，戀戀真言，情人節徵文比賽。

取前10名刊登於官網，並贈送黑白雷射印表機。這招可利用競賽，製造市場之溝通話題。

〔**5.抽獎**〕買雷射印表機，有機會抽中汽車。

這招除了利用客戶中樂透的投機心理，亦可製造話題，有利市場之溝通。

• **贈品式**

〔**6.免費送**〕買雷射印表機，送7-11禮金1,000元。

「免費」是一個很強的購買心理，因此免費送是所有活動中使用率最高的。

〔**7.加價購**〕買雷射印表機，再加1,000元，可購買價值2,000元之碳粉匣。

選擇碳粉匣做加價購，對印表機來說，是同一個使用系統，市場溝通較為容易。

〔**8. 捆綁購**〕買雷射印表機，加筆電，原價59,000元，特惠價 49,000元。

跟加價購相比，一般捆綁購的購買金額較大，所以捆綁的產品必須是客戶需求度很高的，如本活動的筆電和印表機，就是很適合捆綁購的經典活動案例。

〔**9. 折價券**〕買雷射印表機，送碳粉匣折價券2,000元。

折價券很適合運用在後續耗材的連結銷售。

〔**10. 送積點**〕買雷射印表機，送2,000點數，可上網換取贈品。

送積點與折價券最大的不同，就是積點可用在客戶長期忠誠度的培養；最大特色是讓同品牌的產品都適用，把它拉到品牌忠誠度的統一操作。

- **價格式**

〔**11. 特價**〕買雷射印表機，原價9,900元，特惠價7,900元。

如果是高度競爭或是殺尾盤，就可以降價。而若屬於尾盤處理，也可配合某一家通路獨自吃下尾盤貨，把這個降價訊息極小化在某個區塊，以免新機價格拉不上來。

- **關係式**

〔**12. 會員**〕買雷射印表機，就可成為H公司的雲端會員，免費下載1,000個文件套印表格。

加入會員的好處是能獲得某種非會員無法得到的「加值」，讓這個會員關係更加鞏固。

〔**13. 合約**〕堅持原廠，愛護地球，只要簽約使用原廠碳粉匣，享有原廠碳粉匣八折之合約價。

這招可牢牢的綁住後續原廠耗材的使用忠誠度。

〔**14. 分期**〕買雷射印表機，享有12期零利率分期。

這招對經濟狀況不好的個人用戶很有效。

〔**15.租賃**〕月租300元，印一張只要0.5元。

這招適合一般的中小企業用戶。

〔**16.計量**〕免租金，印一張只要1元。

計量使用很適合列印量高低起伏很大的企業用戶。

〔**17.預付**〕預付30,000元，雷射印表機免費，最多可使用碳粉匣12支。

這招適合怕麻煩，想一次付清的企業用戶。

〔**18.吃到飽**〕月付3,000元，碳粉隨你印。

這招適合大列印量之企業用戶。

➤ **示範：通路活動12招**

• 公司

〔**1.進貨獎勵**〕通路本月進貨5台，折讓5,000元。

〔**2.目標獎勵**〕通路達到季目標，獎勵折讓2%。

• 業務

〔**3.銷售台獎**〕門市業務每賣1台，台獎500元。

〔**4.銷售競賽**〕季競賽，Top Sales前10名，杜拜旅遊。

• 訓練

〔**5.銷售訓練**〕主力通路之業務人員，須參加百戰百勝銷售成交訓練，並考試合格。

〔**6.服務訓練**〕主力通路之服務人員，須參加銷售前中後服務訓練，並考試合格。

• 授權

〔**7.銷售授權**〕某些特定雷射機種，特許地區之特定通路銷售。

〔**8.服務授權**〕某些特定雷射機種，保固內之售後服務，特許特定通路具備服務授權，並按件取得原廠之補貼。

- 商機

〔**9.官網刊登**〕達成本季目標的通路，享有官網之通路刊登。

〔**10.來客給予**〕達成本季目標的通路，享有來電機會之給予。

〔**11.展場集客**〕願意配合活動進貨，加派人力，具備展場銷售能力合格者，將享有資展攤位銷售之權益。

〔**12.專案支援**〕願意配合進貨，且具備大型企業之銷售及整合能力者，將享有百大企業專案支援之權益。

King 老師即戰心法補帖

關於促銷活動有四個觀點提供參考：

⊃ 活動盲點

我舉個自己的失敗案例，提醒大家做活動時千萬不能犯的錯誤。

有一次，原本活動是買雷射印表機送一支碳粉匣，但因為預算不夠，就送1,000元碳粉匣折價券，想說好歹讓客戶加個1,000元，才能享有原價2,000元的碳粉匣。

後來又靈機一動，乾脆把1,000元分成10張，一張只能用在一支碳粉匣，換算等於抵100元，又規定一年內要用完，這樣就可以幫公司帶來10支碳粉匣的商機，這不是天大聰明的促銷活動嗎？……結果我被消費者及通路客訴。

檢討這個促銷活動，我自作聰明，犯了幾個大錯：

- 回饋過於吝嗇

  一台機器9,900元，一支碳粉匣2,000元，結果買一支碳粉匣只折讓100元，回饋才佔售價1%，一般要超過5%以上，才會進入促銷活動甜區。

- 不知道使用量

  活動載明折價券一年有效，但是碳粉匣一支會用半年，所以一年只會用到兩張，這不是擺明欺騙？

- 使用流程繁瑣

  必須上網申請折價券，填序號、填申請表、附上個資，寄到指定單位，之後還要拿著折價券到指定門市去買才有效。重點是該門市本來碳粉匣就有在做促銷，所以那張折價券也不管用，因為直接折價還比你那100元多很多。

● 活動停損點

不管做任何促銷活動，務必要有三個停損點設計：

(1)限量：萬一活動不可收拾，可停損在限量之預先說明。

例如→贈品有限，只限前1,000名享有。（可帶動限量搶購）

(2)限時：萬一活動不可收拾，可停損在限時之預先說明。

例如→活動期間，即日起至108年2月28日。（可帶動限時搶購）

(3)更改：萬一活動不可收拾，可停損在更改之預先說明。

例如→活動期間，本公司具備更改活動內容之權利。

● 活動統整表

既然有了通路活動、客戶活動，那我們是否可以用一張統整表簡單清楚的呈現出來？

下面這張表單，是我在前公司建立的活動統整表，產品經理看橫的，銷售經理（含通路與客戶）看直的，一目了然，妙用無窮。

產品線	通路				客戶			
	門市	一般	加值	系統	個人家用	中小企業	大型企業	公家機關
黑白雷射印表機					季節促銷 (贈送碳粉匣)			
彩色雷射印表機	銷售台獎		進貨回饋 (限高階)		噴墨升級彩雷 (贈送折價券)		VIP 客戶 (贈送彩色控管)	公家機關特惠價 (限入圍機種)
多功能雷射印表機					傳真機升級多功 (贈送折價券)			
數位複合機			銷售競賽 出國旅遊				企業試用 (早鳥優惠)	

⊃4P統整表

進行到這裡，除了市場溝通，整個4P已經介紹完畢。下面這張是「4P統整表」，提供大家進一步複習與整合。

產品週期	導入期	成長期	成熟期	衰退期
顧客比例	2.5%	13.5%	68%	16%
顧客類型	創新者	早期者	大眾者	落後者
產品策略	認知	偏好	忠誠/創新	關係
價格策略	價值	成本	競爭	停損
通路策略	利基	擴充	多元	固定
促銷策略	客戶	客戶/通路	通路	停止

特別一提的是，有關促銷活動的部分，搭配產品生命週期，各階段操作重點不同。

導入期：以客戶活動為主。（此時要提升產品知名度）

成長期：可同時使用客戶活動及通路活動。（此時要大衝）

成熟期：主要是通路活動。（客戶對產品已很了解，只要push 通路即可）

衰退期：這時就不要再做活動了。（市場需求已慢慢衰減）

當然隨著實際狀況的發生，會需要因時制宜去應對，但記得**產品強度才是真正的源頭**，因為促銷並不是銷售的萬靈丹，甚至會攪亂整個市場自然交易機制，這些讀者未來可用心觀察與細細體會。

34 溝通策略
年輕人知道大同電鍋嗎？

工具 ▶▶ 市場溝通18招

目的 ▶▶ 透過市場溝通18招的挑選與組合，讓你成為市場溝通達人

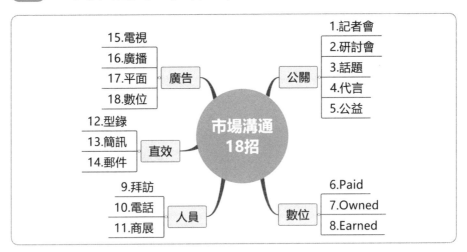

　　市場溝通，是指向目標客群「傳遞訊息」，而訊息可分為「感性訴求」與「理性訴求」。

- **感性訴求**：說明產品如何滿足客戶心理層面的價值觀，目的在於引起顧客情感的共鳴。一般品牌廣告可用感性訴求。

- **理性訴求**：強調產品的功能，如何能幫客戶解決問題。一般產品廣告可用理性訴求。

　　這裡所講的市場溝通，跟STP矩陣（210頁）中的市場定位有很嚴密的連結關係。

　　所有的市場溝通都得緊緊抓住產品的市場定位。例如我的教學定位是整合、高效、實戰，那麼我所有的溝通都不能離開這三個定位訴求。因此，產品定位決定之後，接下來就是要設計市場溝通管道之組合，使用的工具是【市場溝通18招】。

市場溝通18招，可歸納分為**公關**、**數位**、**人員**、**直效**、**廣告**五種管道，以下分類展開介紹：

➤ 公關

公共關係（Public Relations），通常簡稱公關或PR，是指將重要訊息藉著對外傳播，促進公眾對發送者的認識，進而樹立良好形象，取得公眾的支持，形式有記者會、研討會、話題、代言、公益五種。

〔市場溝通1 → 5招〕

- 記者會：針對特定主題，邀請記者以新聞稿形式統一發布。
- 研討會：針對特定主題，邀請主題相關人物來參加，分為商業性和學術性兩種。
- 話題：製造相關話題，讓整個討論聚焦，進而提高曝光量。
- 代言：品牌由具知名度的人代言，讓公眾對品牌產生美好印象。
- 公益：企業透過增進社會福祉，間接達成商業宣傳付出的行動。

➤ 數位

就是透過數位網路傳播的相關媒體，形式有付費媒體、自營媒體和贏得媒體（口碑行銷）三種。

〔市場溝通6 → 8招〕

- **付費媒體（Paid Media）**：透過付費來增加曝光及導流之數位媒體，例如FB、Google、Linkedin，都有很完整的廣告投放機制，能有效及直接提高流量與精準度。
- **自營媒體（Owned Media）**：可以自行管理，以自我品牌出現的網路平台，例如官方網站、官網部落格、官網粉絲團……等等。
- **贏得媒體（Earned Media）**：以置入、分享、轉載、回應，如病毒式散播的平台，例如FB、PTT、Mobile 01、YouTube、部落格等討論區所看到的自發性或置入性討論。

➤ 人員

就是以人對人的方式來推廣，形式有拜訪、電話、商展三種。

〔市場溝通9 → 11招〕

- **拜訪**：以見面的方式推廣。
- **電話**：以電話的方式推廣。
- **商展**：以商展的方式推廣。

➤ 直效

就是直效關係行銷（Direct Marketing）。

廣義的直效，包含人員行銷、電話行銷、電視購物或電子商務。此處的直效，指的是針對資料庫或門市的客人，郵寄或當面提供產品目錄及商品解說等資料訊息的溝通方式，形式有型錄、簡訊、郵件三種。

〔市場溝通12 → 14招〕

- **型錄**：以型錄文件的方式傳遞訊息。
- **簡訊**：以手機簡訊的方式傳遞訊息。
- **郵件**：以電子郵件的方式傳遞訊息。

➤ 廣告

廣告（Advertising）是為了某種特定目的，通過某種形式的媒體，公開而廣泛地向公眾傳遞訊息的溝通方式，形式有電視、廣播、平面、數位四種。

〔市場溝通15 → 18招〕

- **電視**：購買電視廣告，以電視播出方式傳遞訊息。
- **廣播**：購買廣播廣告，以廣播播出方式傳遞訊息。
- **平面**：購買室內或室外的平面廣告，以刊登方式傳遞訊息。
- **數位**：購買數位廣告（付費廣告），也就是數位的付費媒體。

案例 ▶▶ 前公司印表機事業群之溝通策略

　　如下圖，H牌雷射印表機新上市，我同樣以這台印表機上市促銷活動為例，把18種市場溝通方式走一遍，提供示範參考。

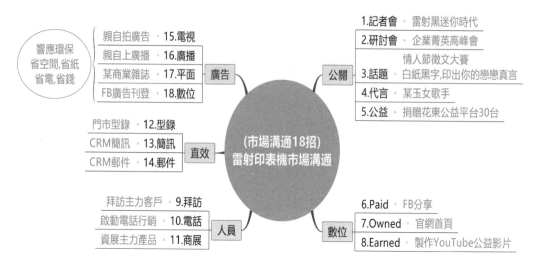

- 公關

〔市場溝通1 → 5示範〕

　　✓ 記者會：召開「雷射黑迷你時代來臨」記者會。

　　✓ 研討會：邀請百家A級主力客戶參加企業菁英高峰會。

　　✓ 話題：情人節徵文大賽～白紙黑字印出你的戀戀真言。

　　✓ 代言：邀請某位玉女歌手代言並推廣情人節徵文大賽。

　　✓ 公益：捐贈花東公益平台30台印表機，並到當地偏鄉學校免費指導小孩心智圖法創意思考。

- 數位

〔市場溝通6 → 8示範〕

　　✓ **Paid**：購買FB廣告，宣傳情人節徵文大賽。

　　✓ **Owned**：將新品置於官網首頁，強力曝光早鳥活動。

　　✓ **Earned**：製作環保公益影片放在YouTube。

- 人員

〔市場溝通9 → 11示範〕

　　　✓ **拜訪**：拜訪100家A級主力客戶。

　　　✓ **電話**：啟動電話行銷給1,000家B級客戶。

　　　✓ **商展**：參加資訊展，主推新機及相關產品。

- 直效

〔市場溝通12 → 14示範〕

　　　✓ **型錄**：製作型錄及相關布置道具，於各大主力門市擺
　　　　放，並請工讀生定時查訪曝光狀況。

　　　✓ **簡訊**：針對公司CRM（即客戶管理系統，Customer
　　　　Relationship Management）的客戶，以手機發送簡訊，
　　　　傳遞H牌新機上市及早鳥促銷訊息。

　　　✓ **郵件**：針對CRM的客戶，除了簡訊通知之外，也可透
　　　　過電子郵件（或寄發電子報），傳遞H牌新機上市及
　　　　早鳥促銷訊息。

- 廣告

〔市場溝通15 → 18示範〕

定位主打「響應環保，省空間、省紙、省電、省錢」。

　　　✓ **電視**：以辦公室為故事背景，由我跟同仁粉墨登場，
　　　　自拍電視廣告。

　　　✓ **廣播**：安排主要廣播電台對我做專訪，並巧妙地置入
　　　　新機上市訊息。

　　　✓ **平面**：在某商業雜誌刊登新機上市與促銷廣告。

　　　✓ **數位**：此處與Paid Media（付費媒體）是一樣的東西，
　　　　購買FB廣告投放，以情人節徵文大賽做為社群分享之
　　　　話題。

關於市場溝通有兩個重點提示：

◌ 組合性

所謂的組合性，是指對目標客群，該用什麼樣的溝通方式組合，才會產生溝通效度。

例如：如果產品是以工程師為目標族群，你就要去調查他「出沒」的時間及地點，可以說是一個顧客旅程地圖（Customer Journey Map）中的接觸點（Touch point）概念。

假設他的生活是搭乘高鐵通勤、會聽某些電台、會看某些雜誌、會上某些網站、會參加某些社群，你的溝通工具便得瞄準目標族群日常出沒的地方及時段，做相對的投放，這跟現在政治人物也當起網紅直播是同一個道理，因為網路已經取代了電視與平面媒體，成為傳播的主流工具。

◌ 持續性

在我們的年代，無人不知大同電鍋，但請問現在年輕族群有人知道大同電鍋嗎？

一個品牌如果要維持知名度，必須持續與市場溝通，隨時面對新的族群、新的媒體、新的議題，打出一條有效且持續性的溝通聲量，才會產生穩定的銷售績效。

35 數位策略
未來就是雲端、社群、行動、大數據

工具 ▶▶ RACE 4流程

目的 ▶▶ 學會數位電子商務運作流程，放大導流與促進導購，極大化電子商務之績效

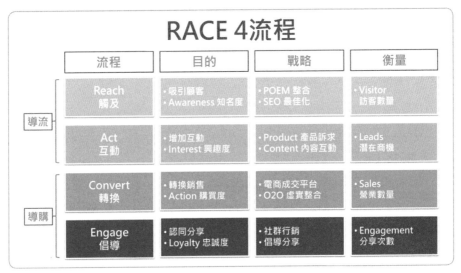

在開始談RACE 4流程之前，先來了解最近很流行的行銷4.0。到底什麼是行銷4.0？簡單說明如下：

- 行銷1.0：以產品為導向，談的是大眾行銷。
- 行銷2.0：以客戶為導向，談的是區隔行銷。
- 行銷3.0：以價值為導向，談的是多對多的協同合作。
- 行銷4.0：**以數位為導向，談的是虛實整合客戶體驗。**

關於數位行銷，是一個很年輕化的新議題，筆者也曾經擔心，是否過去所學的古典行銷會被推翻？後來多方請教前輩及彙整各路知識，我個人的看法是：行銷的總體架構沒有改變，仍然要看客戶分析、競爭比較、公司定位，要有市場區隔，要做傳統4P（產品、價格、通路、促

銷），當然也還有市場溝通。其中最主要的變化，是因為網路及行動裝置的大量進化，讓整個行銷企劃加入了新的數位操作元素。

簡單來說，**整個行銷視角，已由供應商的角度轉換成顧客角度；洞察市場的範疇，也從大群體轉為小族群或甚至個體。**

在數位世界裡，最常被關注的數位技術就是電子商務，而從事電子商務要有導流及導購的觀念，接下來介紹的工具【RACE 4流程】，指的就是觸及（Reach）、互動（Act）、轉換（Convert）、倡導（Engage），其中的觸及和互動，屬於「導流」，而轉換和倡導，屬於「導購」，以下逐一說明：

一、導流

➤ 觸及（R）

- 目的：吸引顧客，提升**知名度**。
- 戰略：透過POE媒體（付費媒體Paid Media、自營媒體Owned Media、贏得媒體Earned Media）的整合運用，建立多重接觸點。
- 衡量：訪客數量。

➤ 互動（A）

- 目的：增加互動，提高**興趣度**。
- 戰略：透過產品訴求，並以內容來增加互動。
- 衡量：潛在商機。

二、導購

➤ 轉換（C）

- 目的：轉換成銷售額，產生**購買度**。
- 戰略：架設電子商務成交平台，設計O2O線上線下虛實整合與全面體驗。
- 衡量：營業數量。

➤ **倡導（E）**

• 目的：讓使用者認同並進一步分享，呈現**忠誠度**。

• 戰略：在社群行銷創造議題，或讓使用者幫你倡導及銷售。

• 衡量：參與及分享次數。

案例 ▶▶雷射黑迷你印表機之RACE 4流程

如上圖，我用印表機做一個RACE 4流程的模擬，衡量部分純屬虛構，以幫助讀者理解。

• **觸及（Reach）**

目的：持續雷射印表機第一品牌之知名度。

戰略／衡量：舉辦情人節徵文大賽，官網露出新款雷射印表機，發布印表機使用開箱文。（以下數字是本活動觸及的基本概算）

　　　　✓ P：FB情人節情書徵文（20,000次／天）

　　　　✓ O：HP官網首頁新機露出（10,000次／天）

　　　　✓ E：Mobile 01開箱文（10,000次／天）

• **互動（Act）**

目的：吸引年輕人之互動。

戰略／衡量：發業配，公布情人節徵文大賽獲選情書，請3C達人實際測試及分享使用經驗。

> ✓ 產品：<u>3C達人測試報導（7,000次／天）</u>
> ✓ 請達人做測試業配文，是3C產品一個很好的切入點。
> ✓ 內容：<u>情人節情書分享（7,000次／天）</u>
> ✓ 情書徵文這個主題，可以讓生硬的印表機有討論議題，很適合在市場溝通及數位話題中重複連結與曝光。

- **轉換（Convert）**

目的：透過PChome首頁做早鳥促銷之露出。

戰略／衡量：PChome首賣接單，上市首月買新機送情人餐。

> ✓ 電商：PChome是3C數位導購的首選平台，所以讓PChome首賣接單是最直接而有效的方法。
> ✓ O2O：<u>新機上市一個月期間購買黑迷你雷射印表機（線上），就送情人節大餐（線下）。</u>以此跟情書徵文這個主議題做連結，並用限量刺激搶購。（2,000台／月）

- **倡導（Engage）**

目的：倡導印表機粉絲團之分享及轉發。

戰略／衡量：印表機粉絲團的使用經驗分享及轉發，是官方粉絲團的一個重大機制，可搭配贈送積點的激勵，產生更高的分享意願。（600次／月）

King 老師即戰心法補帖

⊃ 面對新世代的變革

跟King老師同世代上班族，都是由BB Call開始，從沒有手機的年代打拚過來。如今面臨Y世代的消費變革，必須要能夠馬上與時俱進，才能跟得上時代的腳步。

在這個新的年代，每一個人或每一個企業，都有可能在短時間暴起，當然也可能在短時間消失。

你所面對的對手，也不再是同一個領域的對手，例如：

銀行的對手，可能是電子商務的支付寶；

保險業務的對手，可能是AI機器人。

⊃ 勇敢迎戰數位風雲

重點在於，你準備好了嗎？

熟習正在火紅的數位戰場格鬥技巧了嗎？

與其逃避，還不如勇敢的面對這一波衝擊及實施經營變革！

那麼該如何踏進數位行銷的知識領域呢？

數位行銷服務對象最終為人。

多接觸不同人群，擴展人脈，時常更新臉書狀態，學習使用 LinkedIn，在 Google 及 YouTube 上多追蹤意見領袖，多發表自己的看法，多與他人互動，或多上課與參與座談會，多認識數位相關產業的朋友，了解廣告產業分成哪些族群，以及相關的數位營運模式……

以上這些都是進入數位領域的敲門磚，這樣的資訊，在未來數位領域上，一定也會帶來幫助。

36 企劃整合～創新式企劃5大流程
照著流程走，你就變高手

案例 ▶▶ King老師之自我行銷企劃

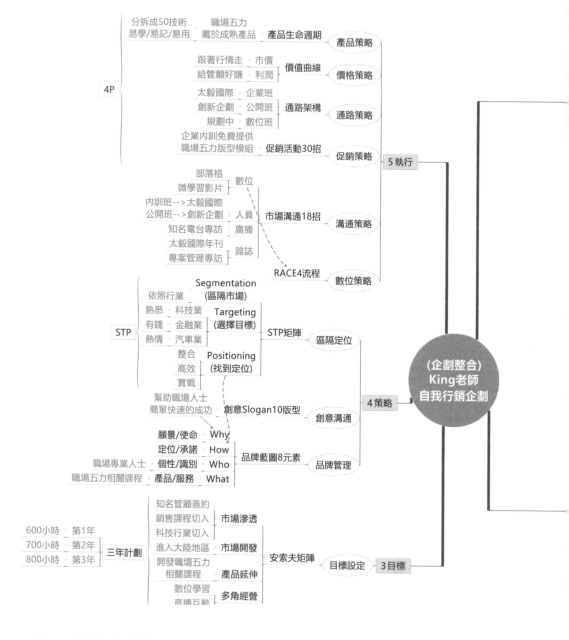

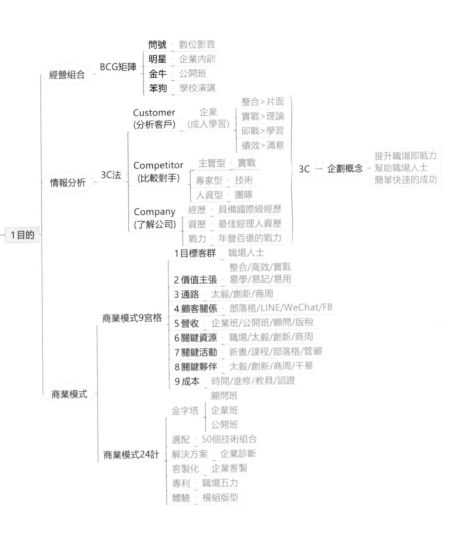

- 1目的
  - 經營組合 ─ BCG矩陣
    - 問號 · 數位影音
    - 明星 · 企業内訓
    - 金牛 · 公開班
    - 笨狗 · 學校演講
  - 情報分析 ─ 3C法
    - Customer (分析客戶) ─ 企業 (成人學習)
      - 整合>片面
      - 實戰>理論
      - 即戰>學習
      - 績效>滿意
    - Competitor (比較對手)
      - 主管型 · 實戰
      - 專家型 · 技術
      - 人資型 · 團隊
    - Company (了解公司)
      - 經歷 · 具備國際級經歷
      - 資歷 · 最佳經理人資歷
      - 戰力 · 年營百億的戰力
    - 3C ─ 企劃概念
      - 提升職場即戰力
      - 幫助職場人士
      - 簡單快速的成功
  - 商業模式
    - 商業模式9宮格
      - 1目標客群 · 職場人士
      - 2價值主張 · 整合/高效/實戰 易學/易記/易用
      - 3通路 · 太毅/創新/商周
      - 4顧客關係 · 部落格/LINE/WeChat/FB
      - 5營收 · 企業班/公開班/顧問/版稅
      - 6關鍵資源 · 職場/太毅/創新/商周
      - 7關鍵活動 · 新書/課程/部落格/管顧
      - 8關鍵夥伴 · 太毅/創新/商周/千華
      - 9成本 · 時間/進修/教具/認證
    - 商業模式24計
      - 金字塔
        - 顧問班
        - 企業班
        - 公開班
      - 選配 · 50個技術組合
      - 解決方案 · 企業診斷
      - 客製化 · 企業客製
      - 專利 · 職場五力
      - 體驗 · 模組版型

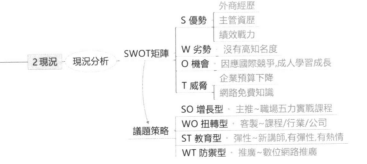

- 2現況 ─ 現況分析
  - SWOT矩陣
    - S 優勢
      - 外商經歷
      - 主管資歷
      - 績效戰力
    - W 劣勢 · 沒有高知名度
    - O 機會 · 因應國際競爭,成人學習成長
    - T 威脅
      - 企業預算下降
      - 網路免費知識
  - 議題策略
    - SO 增長型 · 主推~職場五力實戰課程
    - WO 扭轉型 · 客製~課程/行業/公司
    - ST 教育型 · 彈性~新講師,有彈性,有熱情
    - WT 防禦型 · 推廣~數位網路推廣

前面跨頁這張企劃整合心智圖，藍色部分就是案例內容。King老師本身是個商品，當然也需要做行銷企劃。所以下面就用King老師的自我行銷企劃為例，將整個【創新式企劃5大流程】走一遍！

一、目的

➤ 經營組合 — BCG矩陣

- **問號**：數位影音（線上課程），市場正在大幅成長，但目前沒介入，要隨時準備進場暖身。
- **明星**：企業內訓，市場持續成長中，跟國內最大的太毅國際管顧合作就對了。
- **金牛**：公開班，招生做得不錯，且不用付出太多客製服務，只要標準化教案即可，可穩穩保持獲利。但因公開班招生不易，不要投入太多心力，保持曝光及創造知名度即可。
- **笨狗**：學校演講，市場萎縮，也沒利潤，我也不是這方面專家，這類案子大都推掉了。

➤ 情報分析 — 3C法

- **分析客戶（Customer）**：成人學習的需求是，要整合不要片面，要實戰多於理論，要即戰取代學習，要績效而不只是課堂滿意。
- **比較對手（Competitor）**：目前企業講師分三類：
  - ✓ 主管型：重視實戰。（我屬於這一型）
  - ✓ 專家型：重視技術。
  - ✓ 人資型：重視團隊。
- **了解公司（Company）**：這裡的「公司」，對我來說就是自己，而我的優勢有以下三點：
  - ✓ 具備國際級外商的團隊管理經歷。
  - ✓ 曾獲選最佳經理人高階主管資歷。
  - ✓ 在前公司有過年營百億的實戰力。

⊃綜合3C分析，找出自己的企劃概念（Concept），就能提升職場即戰力，幫助職場人士簡單快速的成功！

➤ 商業模式

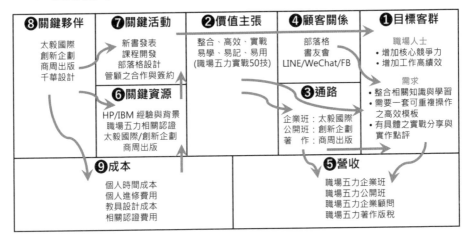

上圖是我的商業模式9宮格，再參照商業模式24計，挑選出六個最適合自己的策略：

〔金字塔〕依消費客群收入、偏好不同，建立對應的金字塔式產品組合：平價公開班、企業（內訓班、客製班）及顧問班。

〔選配〕職場五力共50個技術，可依照企業選配組合，大大提高客戶需求的準確度。

〔解決方案〕診斷企業，提出解決方案。

〔客製化〕可針對企業做屬於該公司之客製。

〔專利〕針對「職場五力實戰50技」申請專利。

〔體驗〕提供免費模組版型，讓使用者深度體會，並且發揮即戰功效。

二、現況

➤ 現況分析 — SWOT矩陣

- **S優勢：**外商經歷，主管資歷，績效戰力。

- **W 劣勢**：因為剛出道，沒有高知名度。
- **O 機會**：因應國際競爭，成人學習市場成長。
- **T 威脅**：企業預算下降，網路免費知識很多。

➤ **議題策略**

- SO 增長型：自己優勢（S）＋市場機會（O）
  主推 → 職場五力實戰課程，協助學員即學即用。
- **WO 扭轉型**：自己劣勢（W）＋市場機會（O）
  客製 → 依課程、行業、公司客製，滿足客戶的需求。
- **ST 教育型**：自己優勢（S）＋市場威脅（T）
  彈性 → 新講師，最有彈性，最有熱情。
- **WT 防禦型**：自己劣勢（W）＋市場威脅（T）
  推廣 → 運用數位網路媒體推廣自己。

三、目標

➤ **目標設定 — 安索夫矩陣**

- **市場滲透**
  跟國內知名管顧簽約，以快速切入企業內部培訓。
  以銷售課程迅速切入，因是自己累積多年經驗的專業領域。
  以科技行業迅速切入，因是自己長年經營且熟悉的行業。

- **市場開發**
  站穩台灣市場之後，再進入大陸地區新市場。

- **產品延伸**
  以五力為圓心來軸轉，逐步開發職場五力相關課程。

- **多角經營**
  開始暖身 E-learning 數位學習市場，並有計劃的在大陸測試直播互動課程。

- 三年計劃：第 1 年 600 小時 → 第 2 年 700 小時 → 第 3 年 800 小時。

四、策略

▶ 區隔定位 — STP 矩陣

- **區隔市場（Segmentation）**

  既然是企業內訓，當然是依照行業來區隔最適合。

- **選擇目標（Targeting）**

  切出行業之後，先找自己有把握的行業開始經營。

  - ✓ 科技業：自己熟悉的行業，語言會比較通。
  - ✓ 金融業：有錢的企業較有內訓機會。
  - ✓ 汽車業：自己愛買車，對車子有熱情，也比較懂。

- **找到定位（Positioning）**

  - ✓ 整合：用心智圖法，將職場五力完全整合。
  - ✓ 高效：用高效模組，讓讀者學員輕易學會。
  - ✓ 實戰：用職場經驗，與讀者學員分享互動。

▶ 創意溝通 — 創意 Slogan 10 版型

找出最核心的一段話～「幫助職場人士簡單快速的成功！」

▶ 品牌管理 — 品牌藍圖 8 元素

- **Why** 願景／使命：「幫助職場人士簡單快速的成功！」

  跟創意 Slogan 一樣，在 270 頁心智圖這兩處直接畫上關連線。

- **How** 定位／承諾：跟 STP 矩陣的定位一樣，講的是「整合、高效、實戰」，也在心智圖這兩處直接畫上關連線。

- **Who** 個性／識別：我的目標客群～職場專業人士。

- **What** 產品／服務：職場五力之相關課程，可由「職場五力實戰 50 技」任意組合客製。

● 在真正進行品牌管理實戰時，不一定要將八個元素（願景、使命、定位、承諾、個性、識別、產品、服務）全部切開對應，只用四個元素（Why、How、Who、What）一樣可以表述。

五、執行

➤ 產品策略

在產品生命週期中,我的職場五力——思考力、溝通力、銷售力、企劃力、領導力——屬於企業內訓的成熟產品,競爭者很多,必須走創新整合路線,所以我將職場五力分拆成50個核心技術,可幫助企業學員易學、易記、易用,並協助企業導入,產生績效。

➤ 價格策略

✓ 市價:跟著一般講師的費用行情即可。

✓ 利潤:提供管顧公司好利潤,以利迅速切入講師市場。

➤ 通路策略

✓ 企業班:與太毅國際簽約,主攻企業內訓,增強實力。

✓ 公開班:與創新企劃簽約,主攻公開班,增加名氣。

✓ 數位班:規劃中,以便搭上數位時代的風潮。

➤ 促銷策略

✓ 活動:企業內訓課程免費提供職場五力實戰50技版型模組。

➤ 溝通策略

• 數位:成立King老師部落格,與太毅國際自製職場五力微學習影片,並放置於YouTube分享。

• 人員:由太毅國際業務人員負責與企業接洽內訓課程;另由創新企劃業務人員負責安排公開班課程招生。

• 廣播:安排知名電台主題專訪。

• 雜誌:成為太毅國際年刊主推品牌課程,安排專案管理雜誌主題專訪。

➤ 數位策略

連結溝通策略中的數位管道(部落格、微學習影片)進行導流,但

導購仍由業務人員來執行。

學習創新式企劃5大流程，要注意每一個流程的主要產出，以及流程之間的元素連結。

以下將主要產出再複習一遍：

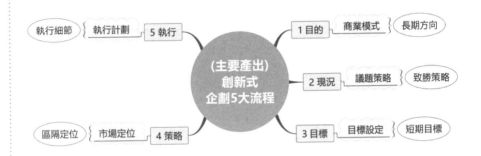

目的：主要產出為「商業模式」，是企劃的「長期方向」。

現況：主要產出為「議題策略」，是企劃的「致勝策略」。

目標：主要產出為「目標設定」，是企劃的「短期目標」。

策略：主要產出為「市場定位」，是企劃的「區隔定位」。

執行：主要產出為「執行計劃」，是企劃的「執行細節」。

增長競爭優勢，擴大社會價值！

天義企業的經營宗旨為「珍視生命，專注全人照護的關懷與產品發展」，「知善，行善，止於至善」是天義哲學的核心。天義自創立即定位在開創沒有人走過的路，「路，選擇難的走」，而能成為國內醫療領域中「清腸照護」、「骨關節保健」、「女性私密照護」的先行者及領導企業。除了厚植「三善」經營哲學團結人心外，我們更努力修習能貫通「當責」和「整合思維」的能力和方法，才能在專業強勢的醫療領域和後互聯網的VUCA時代成為贏家。

2017年10月，第一次邀請King老師到公司開課，並接觸到老師第一本書《職場五力成功方程式》，深感「相見永不恨晚」，當下就認同這本能貫通當責與整合思維的好書。接續又請老師對業務及行銷部門主講系列課程，每堂課我個人都全程參與學習，並從課堂中的領悟，重新架構描繪出「以人為本」的天義商業模式及本質型心智圖，結合同仁在企劃力整合流程、溝通力版型的導入和運用，明顯強化天義商業模式的良性循環，持續增長市場競爭優勢。

King老師新書《一學就會！職場即戰力》，內容精實易懂，對職場的每個人，無論資淺資深、外勤內勤、職位高低，都能當成PDR（Personal Desk Reference）隨手閱讀，必能擴大人生和工作價值的創造與擷取。

——天義企業股份有限公司 董事長暨執行長

邱謝俊

‧‧‧‧‧‧ ◆ ‧‧‧‧‧‧

一輩子的良師益友。

King是我在HP職涯中，亦師亦友的同事與主管，我們共事了15年，患難與共，所以讓我來形容他，應該是最為寫實不過了。

在那段黃金歲月裡，King是個模組流程控，他可以將代理商的進銷存寫成一個Excel超級管理大表，20幾個sheets之間相互連動，如同經營一家企業一般；而且還幫公司寫過銷售大表、企劃大表、領導大表。跟King工作，只要跟著他的流程走，就是萬無一失，所以我們倆聯手創下了HP的營業高峰，並且在HP亞太區表現屢創新高，他也因此得到HP亞太Great

Manager（最佳經理人）殊榮。

我個人應該是在King身邊耳濡目染，受惠良多的人之一，尤其是他的創新式企劃流程，讓我在HP的產品經營中，持續達到不同的境界。而且這個創新式企劃概念，也為我在非營利機構（基金會）的企劃案撰寫帶來莫大幫助。甚至我現在轉職當HR主管，依然能在HR專案管理中迅速上手，很多研華高階主管都不相信我以前沒有做過HR的相關工作，其實這背後的秘密，就在於吸收了King所創下的職場模組流程內涵。

King經過這幾年的講師精進，相信他的內力不可同日而語，如果各位讀者能好好的把這本書融會貫通，你將成為職場的常勝軍。加油！

——研華科技 人力資源處經理

吳守仁

⋯⋯ ◆ ⋯⋯

有夢想，才是真正的活著！

記得上King老師的課程，是在前公司擔任某銀行投信的企劃經理。上課當天，我坐Taxi趕去總部的訓練教室，只見同電梯有一個專業儒雅，氣質非凡的人，我在想是不是金控又來

個高階主管，結果發現他跟我走進同一間教室，原來是一起上課的學員，但後來看他一直往前走……，啊！原來他是老師。

廣告公司的總監也LINE我說，她聽過這老師的公開班，這個老師的課程很精采，雖然我前一天加班，只睡三個小時，但很奇怪，那天上課一點也不覺得累。果不其然，他把我多年來聽到的行銷術語及工具全部整合起來，在上課之前，我知道有BCG、SWOT、Ansoff、3C、STP、4P，但不知道在什麼時候要用哪一個，既然不清楚架構，就索性不用它了，終於在這次上課整個順了一遍，真是暢快無比！老師還無私的分享他的心智圖企劃版型給我們，最後還送我們一個大禮～夢想板，那一天真是大大的賺到了！

後來我運用老師的夢想板激勵自己，考了很多張金融證照，也通過領隊及導遊的國考資格，並成為國立大學研究所的學生。他的第一本書《職場五力成功方程式》，我一直擺在書架上當我的工具書，經過了三年，相信King老師應該更精進了，他的第二本書肯定是更值得期待，絕對是一本

要好好拜讀的職場聖經。

——Legg Mason 美盛環球資產管理 稽核

陳美甄

...... ◆ ......

敗部復活的晉升考核。

記得與King老師的相遇，是在公司安排的接班人培訓課程中。King老師在課堂上教我們如何做專案簡報，當時我心裡想，自己做簡報的頻率、次數相當多，也算很有經驗，並不認為這課程能給自己帶來多大的收穫。不過在後來上課的過程中，King老師的教學讓我大開眼界，整個想法大幅改觀，才知道原來做簡報可以這麼簡單。重點是King老師簡報中的企劃靈魂！

筆者任職於銀行業，在2018年的接班人培訓計劃中，必須針對信用卡經營策略做專案報告。初期我們團隊雖花費很多時間在方向討論、資料蒐集及題目的確認，但製作出來的簡報並不如預期，因此第一次提案時遇到了挫敗，即使我們知道長官回饋的口吻相當客氣，但他們亦指出題目格局不足、核心問題及解決方案並不明確。當時我們所面臨的狀況，是在有

限時間內，需要重新製作一份簡報。

我猜想，也許是公司人資單位聽到了我們的求救心聲，因此很適時地安排了在業界有豐富實戰經驗的King老師來指導我們。在上完老師的專案簡報與企劃力課程後，我們團隊立即知道問題所在，且在極短的時間內重新設計了一份具有故事張力、創新設計及說服力的專案簡報，最終在總經理及一級主管的驗收下順利過關，完成考核！老闆們也都給予正面肯定，並希望以後主管就是要有這樣的企劃簡報水準。

我們一致認為，簡報力在職場中扮演十分重要的角色。它！是看得到的競爭力！這本《一學就會！職場即戰力》彙集了King老師縱橫職場多年經驗與教學精華，相當實用，值得推薦！各位職場朋友們！晉升主管就靠它了！

——遠東國際商業銀行 個金投研專案組主管

何翊群

...... ◆ ......

什麼問題，他都能解。

在King老師的課堂上，同學們舉手提問的問題，似乎都沒有一個可

以難倒他。他所傳授的技巧，就是要先學會「心智圖」，然後發展管理的「版型」。

我工作的日常，就是通路和品牌的行銷活動規劃與執行，此外，就是承接天上掉下來的專案（老闆都會有的聽見風，就要下一場雨），每個專案時程一個比一個趕，一個比一個重要，因此常常會陷入「問題」和「解決」的題目。這時King老師說：「『行銷』或『管理』有一個關鍵，就是『什麼時間，做什麼事』。」

這話聽起來很簡單，實際上最常發生狀況是，在錯的時間（空間），用錯的方法（工具）做事（行銷）。等於沒有結果，還浪費了時間和人力上的成本，就這樣形成了一道隱藏的愚笨之牆和心有不甘的後悔。怎麼解除這隱藏的牆和後悔呢？我想這本書應該會為讀者帶來解答。

例如老闆有一天提了一個想法，創一個品牌要做網路上銷售。接下來呢？你該怎麼做？找一個平台合作，投放數位廣告，顧客就會源源不絕？答案：當然不是。

首先，設定目標和達成共識，用宏觀視野分析及蒐集情報，以3C法為工具洞察商機，再投入SWOT產出公司方針，進而產生行銷策略（STP、4P），最後用微觀角度審視成效，這些都是King老師的絕世武功。

King老師的書，讓你贏在思考，在對的時間程序上，用對的方法工具，幫助你拓寬思路，降低心有不甘的後悔，提高行銷企劃活動的創意發想，且有品質的具可執行性。

——網路家庭 總監

Murphy

······ ◆ ·······

一場聽五次都還想聽的課程。

市面上有許多教人如何撰寫企劃書的書籍，但很多時候總覺得內容大同小異，而且多半因為太過理論，有種隔靴搔癢，打不中痛處的感覺，但是自從拜讀了陳國欽（King）老師的《職場五力成功方程式》一書後，突然湧現相見恨晚的感觸，因為King老師書中的章節表單及每個案例，完美的融合理論與實務，而且倚著極富邏輯性的表單設計，以及結合心智圖的手法，引導著讀者去思索企劃美好的一面。

上面所列舉這些，對於剛接觸企

劃的新手來說，真的是如獲至寶。因為只要跟著書中的內容走一遍，很多過去思維上困頓的地方，都會茅塞頓開，而且會發現過去自以為縝密的想法，其實是破碎且沒有邏輯順序的，而這也是King老師職場五力一書跟其他企劃書籍的差異所在。

之後我甚至為了更深入瞭解King老師的書籍內容，還特地去找老師進行討教，甚至參與了老師相關的課程五次之多，而每一次上課對我都是震撼教育，每一次都覺得醍醐灌頂。

日前得知King老師即將針對《職場五力成功方程式》一書進行升級，推出進階實戰版，內容將融入King老師近年來在各行各業進行企劃培訓的心得，相信一定精采萬分。無論你是剛接觸企劃的新鮮人，或是企劃的老鳥，此書的出版，將會是引領你獲得成功的最佳捷徑！

──躍獅台灣分公司 藥師暨行銷處副理

方敬霖

Chapter. **5**

線上看職場五力微學習

領導力

教練式
領導 4 大支柱

經歷過管理階層的深度歷練，
整個職場生涯才算是真正的完整。

領導力是職場的高階核心能力，只有經歷過管理階層的深度歷練，整個職涯才算是真正的完整。我過去在授課時，嘗試著去問學員：「該如何當一個好主管？」他們的回答大多是：「帶人，帶心。」

我的答案跟大家一樣。

所以當我升任主管時，我就很「努力」對待屬下，夏天吃豆花，冬天洗溫泉，鼓勵拍拍肩，加油掛嘴邊，但卻發現屬下並不怎麼尊敬這樣的一個「好主管」。後來我終於想通了，當一個稱職的主管，除了帶人要帶心之外，還要帶腦。帶腦的意思是要成為屬下的教練，引導屬下成長，這樣才能在主管之路走得又長又遠。

在進入領導技術之前，我們需要先談談職場的主管有哪些類型。如下圖所示，共分為四種類型：

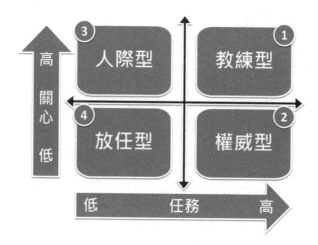

➤ 教練型

「關心任務，關心員工」，這樣的主管我們稱之為教練型主管，既能將任務有效達成，又能鼓舞員工，能創造穩定而長遠的績效。

➤ 權威型

「關心任務，忽視員工」，這樣的主管我們稱之為權威型主管，用權威的方式指示屬下將任務達成，但忽視員工的感受，雖能創造短期績

效，但組織人心動盪，隨時會有出走的風險。

➤ 人際型

「忽視任務，關心員工」，這樣的主管我們稱之為人際型主管，能用同理心來對待員工，但對屬下任務要求較為妥協，雖然能讓團隊穩定，但會讓團隊沒有戰力，績效不彰。

➤ 放任型

「忽視任務，忽視員工」，這樣的主管我們稱之為放任型主管，這類主管基本上不用討論，應該立即撤換。

很明顯的，我們該往「教練型主管」移動。

在我遇過的主管當中，大都偏向於「權威型主管」，他們喜歡給予命令或指導，與員工是一種上對下的關係。而「教練型主管」相信每個人都有潛能來解決問題，在真心的引導之下，讓部屬察覺到自己內心的盲點，進而願意去改變思考及行為模式。

教練型主管除了要有一身武功，能布署組織，還要能引導激勵屬下，當然最終更要能控制團隊高達標。為了要成為教練型主管，我所使用的技術，就是**教練式領導4大支柱**～計劃、組織、領導、控制，計劃訂出目標，組織配置人力，領導作出激勵，控制做到檢核。

下頁心智圖將教練式領導4大支柱完整展開，在後續技術章節中，將會有細部說明與拆解：

一、計劃

▶▶計劃要做好，要領又要導，領著團隊，導向對的目標。

- 計劃法則：工具是【計劃3元素】，由現況、對策、目標組成。

二、組織

▶▶賞罰要公平，對待要偏心，公平執行規則，偏心因材施教。

- 優化法則：工具是【優化4矩陣】，又稱PRDI矩陣，分別是晉

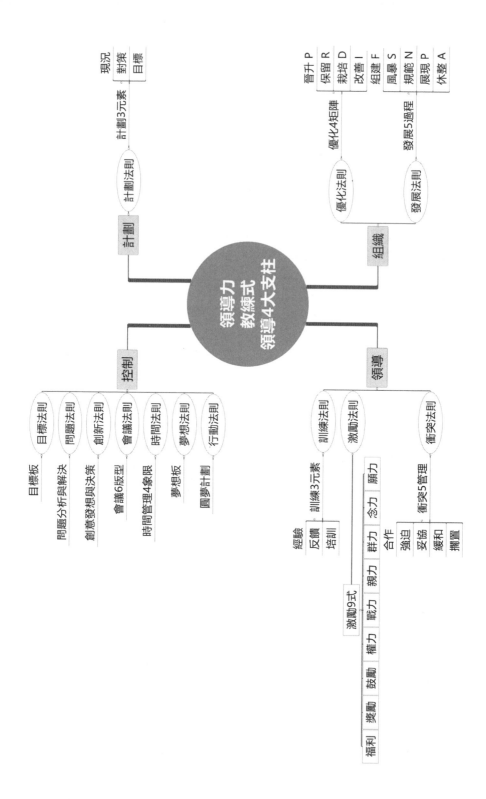

升、保留、栽培、改善四個元素所組成。

- **發展法則**：工具是【發展5過程】，分別是組建、風暴、規範、展現、休整。

三、領導

▶▶士為知己拚，只要知我心，只要主管了解同理他，他就為你把命拚。

- **訓練法則**：工具是【訓練3元素】，如果以時間量區分，分別是70%經驗（在職經驗）、20%反饋（教練指導）、10%培訓（專業訓練）。

- **激勵法則**：工具是【激勵9式】，激勵不是只有靠職位與薪水，還有很多的方式，分別是福利、獎勵、鼓勵、權力、戰力、親力、群力、念力、願力。

- **衝突法則**：工具是【衝突5管理】，由於組織是由一群人組成的，所以衝突在所難免，解決衝突的方法分為五種，分別是合作、強迫、妥協、緩和、擱置。

四、控制

▶▶控制一定要，目標才會到。

- **目標法則**：工具是【目標板（KPI Dashboard）】，就是每個人一張投名狀，記載著每個人需要達到的目標，並定期檢核進度。

- **問題法則**：工具是【問題分析與解決】，在控制的議題中，常需要做到問題與原因分析，以及對策執行計劃發想，只要一張心智圖整合，便可迅速幫你搞定。

- **創新法則**：工具是【創新發想與決策】，創新發想與問題解決最大的不同處，在於問題解決需要找出問題與原因，而創新發想只要盡情的自由發想對策即可，同樣用一張心智圖整合，便可迅速幫你搞定。

- **會議法則**：工具是【會議6版型】，無效而冗長的會議是職場士

氣低落的一大主因，如何迅速凝聚共識，縮短會議時間，是一個主管很迫切需要的技術。

- **時間法則**：工具是【時間管理4象限】，職場的事情只會多不會少，學會看懂工作輕重緩急，並極大化產出，人生就已經在成功的道路上了。
- **夢想法則**：工具是【夢想板】，這是一種很有力量的激勵模式，當前進動力與工作熱情低落的時候，就必須啟動夢想板，讓你腦內分泌多巴胺激素，勇往直前。
- **行動法則**：工具是【圓夢計劃】，它跟夢想板是一起搭配的，有夢想藍圖，也必須要有圓夢計劃的行動時間表。

37 計劃法則
計劃要做好，要領又要導

工具 ▶▶ 計劃3元素

目的 ▶▶ 幫助主管迅速做好一份領導計劃

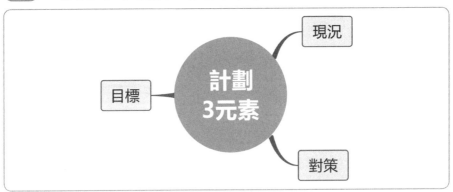

計劃能力是走向教練式領導的第一步。

試想，如果一個主管連計劃都不太會做，那整個團隊要往哪兒走？

前公司有個主管，每次開績效會議最慣用的口頭禪就是：「這個客戶千萬不能掉，你一定要去追喔……」有腦跟沒腦的主管，從說話的邏輯就會馬上被屬下察覺，做主管的人一定要特別留意這一點。

所謂【計劃3元素】，就是溝通7版型中【解決型】的簡單版，它能讓你輕易的把計劃說清楚。這三個元素組成為：

• **現況**：在哪裡？
　就是對目前狀況之說明，最好要有具體的數字。
• **對策**：做什麼？
　就是有哪些需要做的事情，才能幫你從現況走到目標。
• **目標**：去哪裡？
　就是在你做好對策之後，所要達到的目標，它跟現況是對應的。

案例 ▶▶ 某汽車銷售計劃

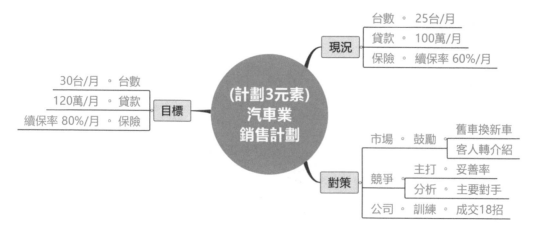

上面這張心智圖，是我去某家汽車公司為他們全省營業所所長授課時所用的銷售計劃模型。

由於事先做過課前訪談，所以我連第二階都幫他們想好了，他們只要填藍色字部分即可，所長們個個直呼好簡單，早知道就用這個版型報告，就不會因為吞吞吐吐被老闆修理了

以下就用這張心智圖示範計劃3元素的應用，簡單說明某汽車營業所月銷售計劃：

- 現況

    ✓ 台數：達成25台／月。

    ✓ 貸款：達成100萬／月。

    ✓ 保險：舊客戶續保率60%／月。

- 對策

    ✓ 市場：鼓勵舊車換新車，鼓勵客人轉介紹。

    ✓ 競爭：主打高妥善率，找出主要對手做競品分析。

    ✓ 公司：銷售顧問須通過成交18招的訓練考核。

- 目標

  ✓ 台數：達成30台／月。

  ✓ 貸款：達成120萬／月。

  ✓ 保險：舊客戶續保率80%／月。

目標跟現況，最好是一對一，這樣邏輯才能完整的連結。

King 老師即戰心法補帖

⊃ **變化組合**

讀者可參考溝通力的混合型（71頁），從七個錨點（現況、問題、原因、對策、執行、目標、目的）中，計劃3元素只取用了最重要的三個：現況、對策、目標。

當然讀者也可從中自行取用及組合。而如果你是個企劃主管，二話不說，你的計劃就是企劃力的創新式企劃5大流程。

⊃ **統一使用**

你可以這樣對自己思考，或是像這樣對上司報告，當然也可以用這樣的方式引導屬下，還可以用來做跨部門溝通。

這跟溝通力中的溝通7版型是一樣的道理。

38 優化法則
賞罰要公平，對待要偏心

工具 ▶▶ 優化 4 矩陣

目的 ▶▶ 讓組織人員處於最平衡的競合狀態，極大化部門績效

當計劃做完之後，就必須要有組織去執行。優化法則的一句訣為何是「賞罰要公平，對待要偏心」呢？「賞罰要公平」可以理解，但「對待要偏心」又是什麼呢？做主管怎能偏心呢？

這個偏心，指的是「因材施教」。

如上圖，以績效（指任務的達成程度）與潛力（工作的態度與能力）做為兩大主軸，然後把「高／低績效」放在橫軸，「高／低潛力」放在縱軸，可劃分出四群屬下：1.**晉升（Promote）**；2.**保留（Retain）**；3.**栽培（Develop）**；4.**改善（Improve）**，又稱為PRDI矩陣，以下逐一說明：

一、晉升（Promote）

這個晉升，指的不一定是升官，可說是一種廣義的提拔，極有可能是將來的接班人。

- 狀況：高績效＋高潛力。
- 對待：**給予未來**。
- 操作：授權信任，練習接班，可當小組負責人，並幫他勾勒未來職涯成長計劃，讓他有夢想。

二、保留（Retain）

可能是組織中的老臣，也可能是你昔日的弟兄，能力不錯，但因無法升官而態度負面，或是資深不資優，是組織中最難處理的一群。最主要是他掌握了組織的關鍵資源與技術，只要他不開心，隨時可能會帶槍投靠敵營，給組織帶來莫大的損失。

- 狀況：高績效＋低潛力。
- 對待：**給予尊敬**。
- 操作：專業為上，可當新人的指導者，或可當專案的負責人，跟晉升者的小組負責人有些不同，一個是帶事，一個是帶人。

三、栽培（Develop）

一般都是一些資歷較淺的人，由於能力較弱或掌握組織的資源較少，績效無法馬上展現，就像是軍中的新兵一樣。

- 狀況：低績效＋高潛力。
- 對待：**給予操練**。
- 操作：嚴格操練，提升其核心能力。指派指導者帶他，訓練其成為組織的未來中堅分子及組織備援機制。

四、改善（Improve）

這群人，績效不好且態度不佳，無須多言。

- 狀況：低績效＋低潛力。
- 對待：**給予命令**。
- 操作：給予明確改善目標，並說明驗收的時間點，主管須協助其改善工作績效，或考慮內部其他適合的位置。

案例 ▶▶某銀行的組織老化問題

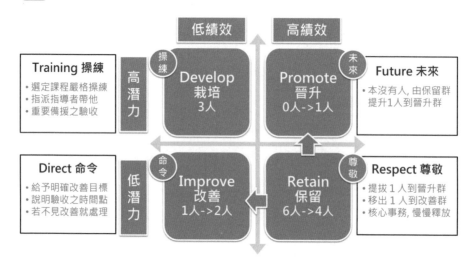

上圖是我去某銀行對主管授課時所用到的【優化4矩陣】。有個資訊處主管跟我說，他的部門有十個人，老臣就佔了六位，很傷腦筋。金融業最大的痛，就是很多老臣掌握大型主機的Know-how，但因為沒有被升官，態度很消極，萬一他們擺爛或離職，公司營運可能會損失慘重。所以針對他下面員工，我給他的建議是：

1. **放置**→ 先把組織中十個人放入優化4矩陣中。結果是保留群六位，栽培群三位，改善群一位。

2. **提拔**→ 將保留群其中一位提升到晉升群，讓大家看到表現好的，仍然有希望升遷。

3. **移出**→ 再從保留群剩下的五位，挑一個較弱的移去改善群，跟原來那個需要改善的人一起監督控管。

4. **備援**→ 加強栽培左上角區塊那三個新人，避免組織失去備援機制。

以上操作重點，就是要好好處理保留群那六個人，關鍵在於：**妥善看管，不能讓他們集結抱怨，對抗公司管理。**

關於組織的運作，可能會產生下面這些情形，大家可以一起來動動腦，先想好應對的方法，屆時比較不會慌亂。

⮕ **如果組織晉升人員偏多，該怎麼處理？**

狀況：晉升人員偏多，基本上是好事，但太陽一多就會互鬥。

做法：分配試題，公平比賽。

給每人一個很明確的目標，言明會挑選一個高達標的當接班人，其他人也會有很好的安排（先說明白是一件好事）。

⮕ **如果組織保留人員偏多，該怎麼處理？**

狀況：這問題在很多公司都存在，甚至有些老臣會有意無意的把新人弄走，讓自己無人能取代，公司便會慢慢進入老化現象。

做法：妥善看管，有升有降。

這群人有集結對抗公司管理的能力，務必要戒慎處理，真心尊敬他們，做法就如同左頁案例，有升有降。

⮕ **如果組織栽培人員偏多，該怎麼處理？**

狀況：組織太過年輕化，戰力不佳。

做法：提拔其中一人到晉升群，製造激勵。

挑一個最強的，提拔上來，但要隨時看顧著他，直到他成熟為止。

⮕ **如果組織改善人員偏多，該怎麼處理？**

狀況：組織很多不堪用的人，態度不佳，戰力極低。

做法：殺一儆百，出一補一。

這個「殺」字，其實用得有點嚴苛，該怎處理要看公司文化，但若不教而誅，乃主管之過也，一切仍需以愛為出發點。如果給予多次機會，還是無法勝任，可能要轉調部門或忍痛處理，但記得要分批處理，一出一進，不可太過操切，不然集體出走，組織會全軍覆沒。

39 發展法則
組織跟產品一樣，也有生命週期

工具 ▶▶ 發展 5 過程

目的 ▶▶ 讓你在帶領團隊時，會在對的時間，做對的事情

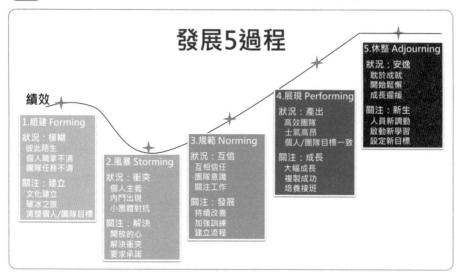

前面介紹過，產品生命週期分為導入期、成長期、成熟期、衰退期（228頁），組織當然也有類似過程。

美國心理學教授布魯斯·塔克曼（Bruce Tuckman）提出的團隊發展階段模型，可被應用來辨識團隊處境，並針對不同階段，使用不同操作，以取得最高管理成效。

如上圖，團隊發展共分五個階段，績效雖然隨著不同階段而有所起伏，但至少是在安全的管理當中，發揮最大的效果。以下分別說明【發展5過程】各階段狀況及操作的重點：

一、「組建」階段（Forming）

團隊成員剛開始一起工作，不是很了解自己的職掌和其他成員的角色，會有很多疑問，並透過摸索，確定何種行為能夠被接受。

➤ **狀況：模糊**

彼此陌生，個人職掌不清，團隊任務不清。

➤ **關注：建立**

1. **文化建立** → 建立部門文化及基本規則。

2. **破冰之旅** → 開始連結部門的感情，舉辦一些簡單有趣的團隊任務，促進破冰與和諧。

3. **清楚個人／團隊目標** → 清楚告訴團隊成員，每個人的職掌、要達成的共同目標及任務，還有將來要如何考核他們的表現。

二、「風暴」階段（Storming）

一旦清楚自己的職掌，在有限資源下，彼此分食互爭的個人主義就會出現，這是很正常的一個必經階段。主管們不要氣餒，如果能事先防範，這階段時間會很短，甚至不會出現。

➤ **狀況：衝突**

個人主義，內鬥出現，小團體對抗。

➤ **關注：解決**

1. **開放的心** → 帶領屬下，用很開放的心，去接納彼此的差異。

2. **解決衝突** → 跟員工一起探索衝突發生原因，一起真誠的提出解決方案。

3. **要求承諾** → 營造一起面對共同目標的使命感，並邀部門員工一起對共同目標做出承諾。

三、「規範」階段（Norming）

既然彼此敵意已經消除，屬下就會彼此信任，此時團隊會逐漸穩定下來，當然正面能量就會開始啟動。

➤ **狀況：互信**

互相信任，團隊意識，關注工作。

➤ **關注：發展**

1. **持續改善** → 可針對一些主要議題做深入的探討及持續改善。

2. **加強訓練** → 這個階段是開始練兵的好時機，可引進部門相關核心競爭力的培訓課程，或建立讀書會相互分享。此外，建議編列戰鬥小組，成員最好老、中、青三代都有，挑出能力最強或資深的人當小組長，帶領較資淺的員工，一起往前邁進。

3. **建立流程** → 開始建立一些相關運作流程，如思考流程、溝通流程、銷售流程、企劃流程、服務流程……等等，建立流程的好處是讓團隊跟隨 SOP 運作，可一起聚焦而穩定強大。

四、「展現」階段（Performing）

成員因相互信任且經過培訓後能力大增，團隊可正式進入大量的收割時期。

➤ **狀況：產出**

高效團隊，士氣高昂，個人／團隊目標一致。

➤ **關注：成長**

1. **大幅成長** → 不管是核心事業改善或創新事業，此時正是收割時期，主管必須快速及大量的收割。

2. **複製成功** → 一旦有了成功案例，就要好好慶祝與記錄。慶祝是為了激勵，增加前進的動能；記錄則是為了複製，建立一種可以重複使用的成功方程式。

3. **培養接班** → 開始培養接班人，成就屬下就等於是成就自己。水漲船必高，代代永相傳，千萬不能害怕屬下功高震主，故意限制他的出路，這是沒有自信的主管才會做的事情。

五、「休整」階段（Adjourning）

就我的經驗，當團隊獲得大量成功之後，便會過於安逸而減弱下一波的動能。猶如《易經》乾卦，經過飛龍在天之後，就會出現亢龍有悔，組織會因為享受成功而進入緩慢閒散的狀態。

➤ **狀況：安逸**

耽於成就，開始鬆懈，成長遲緩。

➤ **關注：新生**

1. **人員新調動**→ 將人員的職務調動，一來再次建立戒慎之心，二來給予新的學習，訓練屬下多元的能力。

2. **啟動新學習**→ 像我原本是大型企業專案經理，後來轉職產品經理，再升任為副總經理，之後變成資深副總經理。每一個轉變都帶來很多新的課題與新的學習，一開始我總認為自己撐不過去，之後都游刃有餘，樂在其中。也因為這些學習的歷練，讓我能更專業的領導一個團隊，也為我日後的講師之路做了鋪路。

3. **設定新目標**→ 一成不變的原地緩慢成長，日久讓人覺得乏味，此時就該啟動新的商業模式，設定新的目標，才會讓人產生下一波的蛻變與成長。

(案例) ▶▶ 某科技業的組織培訓問題

下一頁的圖表，是我去某科技業對主管授課時所用到的發展5過程，課間有位主管對我提出一個問題：「明明做了很多培訓，怎麼屬下都不感激，績效也未見起色。」

我跟他說：「就中醫角度來看，如果有個病人病危體弱，標準做法應該先讓他服用稀粥，待其氣脈和緩，再以藥食治之，肉食補之，如此才會轉危為安；相反的，若是在其病危體弱之際，便強攻以猛藥厚味，反而藥到命除。」經過深談，這位主管所帶領的是一個剛合併的部門，都還沒完整經歷第1、2階段，就直接進入第3階段，安排一堆培訓課程，當然無法達到他期待的效果。

所以，我後來就幫他規劃了連續三個月的活動，每一個月執行一個階段：

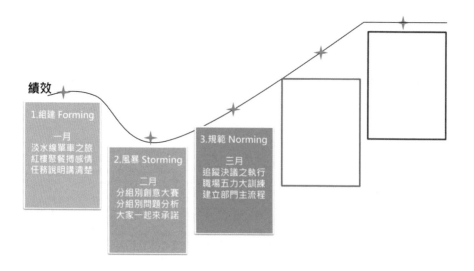

- **組建階段〔一月〕**

  先好好的做個團隊活動再說！

  我建議他找一天，把整個團隊拉去淡水線，先來個單車之旅，之後去淡水紅樓聚餐搏感情，然後留下來一小時，對大家做個清楚的任務說明。

- **風暴階段〔二月〕**

  預知會內鬥，就可以提前消弭，在內鬥尚未產生之前，先透過分組競賽來建立團隊氛圍。

  建議可以來個創意點子大賽或問題分析大賽，之後大家一起承諾如何把部門變更好。分組的作用，就是在進一步打破你我界線，建立更深度的信任。

- **規範階段〔三月〕**

  經歷過組建及風暴兩個階段後，團隊成員彼此已經有了信任，大家根據二月所做的決議，做進一步的追蹤，然後再開始進行一連串培訓，並著手建立部門的相關流程，部門便會產生戰力而逐漸壯大。

半年過後，當我再回到這家企業授課時，我又遇到了那位主管，他對我說：「還好有King老師，不然我早就掛了。」我拍著他的肩膀，跟他說：「那你要開始啟動第4、5階段的執行計劃囉。」我相信，過陣子再遇到他，他應該已經再升官了！

King 老師即戰心法補帖

⊃ 團隊控制，必須要有點耐心

前面的案例，為什麼我能給那位科技業主管做這麼細節的建議呢？因為，一樣的事情也曾經發生在我身上。我給他的建議，我自己都做過。完全一模一樣，甚至包括路線安排。

我常常認為，培訓就是最好的福利，所以很喜歡把自己的專業無私的分享，想迅速的複製在他人身上。這個善意的出發點，並沒有什麼不對，只是不可過於心急操切，反而壞了一顆原本好意的心。

這跟很多男士在未取得女方信任時，便急於求婚，反遭到對方封殺出局，是一樣的道理。

有些事是急不得的！順應發展，審時度勢，才能讓團隊穩定融合，取得最大的管理績效。

40 訓練法則
訓練，才是員工最需要的東西

工具 ▶▶ 訓練3元素

目的 ▶▶ 讓團隊接受最完整的訓練，強化組織最大的戰力

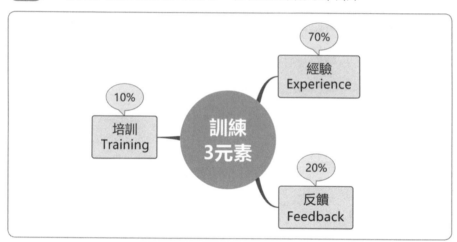

在領導4大支柱中，先有「計劃」、「組織」，再下一個流程就是「領導」。領導可分為訓練規劃、激勵士氣與衝突管理。

先從訓練談起。訓練是我在外商工作期間，最最注重的項目，因為要有長期穩定的績效，致勝關鍵就在團隊的核心能力。而這些團隊核心能力，必須有【訓練3元素】才能養成，也就是要有**經驗**、**反饋**和**培訓**。一般我們稱之為「721訓練法則」，這721指的是時間分量比例，分別說明如下：

➤ **70% - 經驗（Experience）**

指在職經驗的培養。要盡量幫員工找到最適合他的位置，並透過職務調動來經歷新經驗。

➤ **20% - 反饋（Feedback）**

指教練指導的輔助。要定期給予員工適切的關心、回饋與指導。

➤ **10% - 培訓（Training）**

指專業培訓的強化。要定期安排員工在職能上所需要的專業課程培訓，以幫助員工內化專業知識，並發揮於工作上，產生績效。

案例 ▶▶ 前公司之訓練3元素規劃

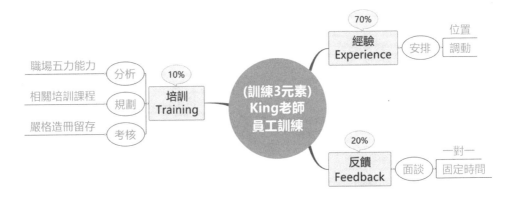

上面心智圖是我在前公司做的訓練3元素規劃。

- **經驗70%**：我會觀察每個員工的強項，盡量幫他們找到最適合發揮的位置，並從中學到該工作的核心能力，之後再慢慢安排調動，讓員工離開現有舒適區，經歷更多的在職體驗。

- **反饋20%**：固定時間（建議每季）跟每個人安排一對一面談，主要目的是傾聽員工想法、適切回饋建議、深度教練指導，以及檢核績效進度。

- **培訓10%**：分成分析、規劃和考核三個步驟進行。

  分析→根據每個員工的職掌及職場五力能力做出現況分析。

  規劃→依照分析結果，擬定「**職場五力培訓課程計畫**」。（參見下頁圖表）例如：Joe是企劃人員，雖然他目前企劃力有8分，但他必須要接受企劃課程的培訓，提升到9分以上。而且他又是我的接班人，所以也要接受領導課程培訓。（思考力與溝通力是職

場基本能力，每個人都要達到 8 分以上，故全部員工都要再參加心智圖法及溝通 3S 法則課程）

考核→開始培訓，並且做嚴格考核，造冊留存。

看職掌及能力規劃培訓課程

員工		職場五力能力分析					職場五力培訓課程				
姓名	職掌	思考力	溝通力	銷售力	企劃力	領導力	心智圖法	溝通3S法則	銷售3流程	企劃5流程	領導4支柱
Joe	企劃	7	7	6	8	6	V	V		V	V
Joy	銷售	6	6	8	6	8	V	V	V		V
Richard	銷售	6	5	6	5	5	V	V	V		
Tim	銷售	5	4	5	5	3	V	V	V		
Eric	服務	6	5	4	3	3	V	V			

King 老師即戰心法補帖

由於我是個企業講師，針對專業培訓，我想再談談柯氏四級培訓評估模式，供有志成為講師的讀者參考：

⊃ 滿意（Reaction）

評估學員的**課堂滿意**程度。

針對學員對於培訓以及對講師培訓內容、方法、收穫……等意見，做出課堂滿意程度給分。

⊃ 學習（Learning）

測定學員的**學習獲得**程度。

測量學員對技能的理解和掌握程度，可採用口試、筆試、實作等方法考核。

⊃ 行為（Behavior）

考察學員的**知識運用**程度。

由學員的上級、同事、屬下或客戶，觀察他們的行為在培訓前後是否發生變化，是否在工作中運用了培訓中學到的技術。

⊃ 成果（Result）

計算學員的**產出效益**程度。

成果評估可通過一系列指標來衡量，例如績效達成率、生產品良率、員工離職率、員工滿意度、客戶滿意度……等。透過對這些指標的分析，讓管理層能夠了解培訓所帶來的收益，雖然不是絕對，但可以做為參考。

因為我的屬下是我自己教，我把培訓融入團隊日常工作運用之中，所以很輕易就可以達到第四等級。

但很多企業培訓是聘請外師，成效大都只有在「滿意」與「學習」上面，很難進入到改變「行為」及展現「成果」的等級，最主要原因是主管無法做到技術導入的跟催，可能是主管自己不熟，或主管有自己的方法，而我覺得既然要培訓，就應該努力達到第四等級，這個責任就共同落在講師及主管的身上。

因此，之所以這本書及我的培訓課程，會以大量的架構、流程、版型、模組、表單、圖卡方式運課，就是為了能在我培訓完之後。可以協助企業主管輕易的進行導入工作，進而達到成果。

41 激勵法則
要人家幹活,就得要給力

工具 ▸▸ 激勵9式

目的 ▸▸ 透過激勵9式的全面運作,讓你的團隊士氣如虹!

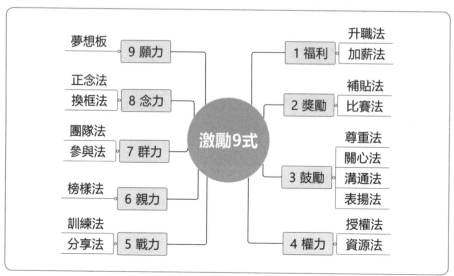

　　很多主管激勵屬下,大都是拍拍肩、聚聚會、吃吃飯、喝喝酒、唱唱歌、打打球,真的就只能這樣嗎?

　　經過多年的體會,以及訪談過很多主管,我彙整出【激勵9式】,分別是:**福利、獎勵、鼓勵、權力、戰力、親力、群力、念力、願力**,展開後共有18招,逐一說明如下:

➤ 福利〔第1式〕

公司最基本的職位與薪資,是最直接的激勵。

* 升職法:按表現給予晉升職位。
* 加薪法:按表現給予調整薪資。

➤ 獎勵〔第2式〕

在基本福利之外,特別設計出來的額外加給。

- 補貼法：制定額外辦法，例如設定某一支主力或急需成長的產品為目標，達到目標者有獎助補貼。
- 比賽法：制定比賽辦法，例如設定某一支主力或急需成長的產品做銷售競賽，前幾名入圍者有競賽獎賞。

➤ 鼓勵〔第3式〕

鼓勵是這個世界上最美的禮物。

- 尊重法：尊重與相信，讓人感覺到尊嚴。
- 關心法：了解與關心，讓人感覺到真誠。
- 溝通法：固定的面談，讓人感覺到同理。
- 表揚法：公開的表揚，讓人感覺到榮耀。

➤ 權力〔第4式〕

權力是最實質的相信，因為只有相信才會給出權力。

- 授權法：給予相關決定事務的權責，但主管仍需在旁監督與協助。
- 資源法：給予相關的額外資源，幫助屬下創造績效或解決困難。

➤ 戰力〔第5式〕

訓練本身就是一個很大的激勵，因為職場除了留下經歷，唯一能帶走的就是能力。

- 訓練法：透過嚴格的訓練，才能培養出真正的職場核心能力。
- 分享法：透過成功案例的分享，可以迅速複製彼此的成功。

➤ 親力〔第6式〕

主管的一舉一動，就是屬下的一舉一動。

- 榜樣法：要改變屬下，以身作則是最快的方法。

➤ 群力〔第7式〕

群聚才會生出力量，獲得最大的團隊情感及表現綜效。

- 團隊法：所謂的 Team Building，固定的團體活動可以凝聚感情。
- 參與法：讓屬下參與決策，他就會有組織存在感，以及感受到

被尊重。有時一樣的決策，你說的他不做，他自己說的就會努力做，因為人類會為自己的決策背書！

➤ 念力〔第8式〕

工作因為有壓力，所以很難快樂（Happy），但必須要做得很愉悅（Pleasure），這時就要借助正面的力量。

- **正念法**：讓團隊改變看待事情的態度，隨時保持正面。
- **換框法**：讓團隊改變看待事情的角度，就會生出意義。

➤ 願力〔第9式〕

一個人的鬥志，跟他是否有人生及工作的夢想有關。

- **夢想板**：幫助屬下設定人生及工作的目標，有助於產生前進的動力。

案例 ▶▶ 前公司之員工激勵

上面這張員工激勵心智圖，是我在前公司帶領屬下時，常用的九式激勵手法。

- 福利

  1. 按照KPI表現，特優者給予升職。〔升職法〕

  2. 按照KPI表現，公平的給予加薪。〔加薪法〕

- 獎勵

  3. 數位複合機銷售業績達標120%另有補貼。〔補貼法〕

  4. 數位複合機銷售前三名可出國旅遊。〔比賽法〕

  ➲ 因當時被要求一定要成長數位複合機，我就把額外補貼及比賽都放在數位複合機之成長獎勵。

- 鼓勵

  5. 尊重及相信每一位員工，也要求組織中不可以有對他人不尊重的行為。〔尊重法〕

  ➲ 這一點很多主管都做不好。

  6. 每天安排跟一位員工吃中餐，聊聊天，關心他平常的生活狀況。〔關心法〕

  7. 每季安排跟所有員工一對一的進行個人深度溝通，特別是他的職涯成長計劃。〔溝通法〕

  8. 每季公開表揚優秀人員（一般可連結到KPI的績優者或者是比賽法的優勝者）。〔表揚法〕

- 權力

  9. 給予優化4矩陣中的「晉升」及「保留」人員適當的授權，他們需要被授權，才會有動力協助主管。〔授權法〕

  10. 給予優化4矩陣中的「栽培」人員適當的資源。這些資源含來電客戶的分配或相關經費等等，因為在一個銷售團隊中，新人既有客戶較少，手上可運用資源也比較少。〔資源法〕

- 戰力

  11. 每半年進行一次職場五力訓練考核，務必將每個員工的即戰

力拉高。〔訓練法〕

12. 每月安排一個成功案例分享，讓成功經驗可以被迅速複製。
〔分享法〕

- **親力**

13. 對於要求屬下的事，隨時要以身作則。例如對職場五力技術
之深度應用，以及相關的團隊規定。〔榜樣法〕

- **群力**

14. 每季舉辦一次 Team Building，可能是唱歌聚餐，可能是團隊
出遊，或舉辦相關的團體活動。〔團隊法〕

15. 在每季的季會中分組討論重要議題。〔參與法〕
➲ 如果問題有待解決的，就要用上【問題分析與解決】；如果是
創新的議題，就用【創新發想與決策】。這兩種技術將於後面章
節中討論。

- **念力**

16. 提倡辦公室的正面表達文化，可以每週選一天做為正念日，
大家在那一天要刻意用正面的方式來溝通，讓員工們感受到正面
的力量。〔正念法〕

17. 列出一些負面且無法改變的事，一起來換個角度看待。例如
台灣市場很不景氣，不利於銷售，就把這件事換個角度想，想成
剛好藉這個機會，好好訓練自己，且藉著市場不景氣，可以讓一
些沒有競爭力的品牌出局。〔換框法〕

- **願力**

18. 要求每位員工寫下自己的人生夢想，稱之為「夢想板」，並於
每季分享自己夢想板的進度，藉著說出來，讓大家討論彼此的夢
想，工作自然會有動力。這一招在我過去的團隊帶領中，產生很
強大、正面能量的效果。〔夢想板〕

關於組織激勵，我想再提供另外的觀點給各位參考：

ᗧ 從員工看主管

我曾經跟過很多不同類型的主管，有的溫和，有的霸道，有的自私，有的寬容，也遇過不去喝酒就無法生存的，而終究會留下懷念的，就是那些曾經很用心對待，真心希望我變得更好的主管。

屬下的感知並不如我們想像中的弱，相反的，主管的一點一滴都受到他們的高度關注。所以我在當主管時，常常告訴自己要善待屬下，以後當他們升任主管，自然也會這樣去善待他們的屬下，如此一來，職場自然會呈現良性循環，誰說職場帶領員工非得要搞得跟黑社會幫派一樣呢？

ᗧNLP 激勵技巧

NLP（Neuro-Linguistic Programming，神經語言程式學）是一種高效的溝通技術，在本書溝通力表達法及銷售力親和法中，筆者已做了初步的探討及應用。如前面章節所言，NLP 的應用很廣泛，可用在建立正面信念、戒除舊習、提升自信、自我激勵、加速學習、人際關係、溝通說服、設定目標、邁向成功等等，而這激勵 9 式中的鼓勵、念力、願力，更是將 NLP 激勵與溝通的力量發揮得淋漓盡致。

ᗧ 組織生存法則

在組織裡面，三種人會紅～心腹、耳目、爪牙。我不會跟老闆鞠躬哈腰，半夜去擋酒救駕，甚至還會在不當的時候，說幾句不中聽的真心話，所以我當不了心腹；茶水間的八卦及辦公室傳聞，我也不怎麼靈光，所以當不了耳目；我只剩下爪牙這一路，就好好花錢去外面培訓，讓自己在組織中具備貢獻績效的能力，所以我尚且活下來了。

親愛的讀者，請自己對號入座，這三種人，你中了幾個？如果都沒有，就學我當個爪牙吧，好好善用這本書，你一定可以活得很好。

42 衝突法則
面對衝突，才能合作

工具 ▶▶ 衝突 5 管理

目的 ▶▶ 透過衝突 5 管理，讓你對團隊衝突處理，更加穩妥

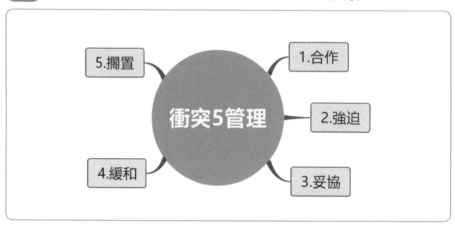

同仁意見不同，產生衝突，在職場上司空見慣，只是立場或角度不同而已。如果是建設性的衝突，主管應公開鼓勵大家對事不對人，促成對組織有益的結果；而對於破壞性的衝突，則必須及時遏止。

衝突管理是個職場難題，處理得不好，會招致員工不滿，導致組織的產能降低；相反的，處理得好，則會給組織帶來正面的合作力量。一般處理衝突的方法有五種，分別是：**合作**、**強迫**、**妥協**、**緩和**、**擱置**，我將它們歸納為【衝突 5 管理】。

至於使用何種管理方式，必須依據問題本身、員工性格、緊急程度，做出最佳的判斷，以下逐一說明：

➤ **合作**
- **條件**：當事人較為成熟及有其他合作選擇時。
- **做法**：鼓勵員工一起面對與解決。
- **結果**：雙贏。

> **強迫**
- 條件：當事人較不成熟，時間緊迫，或原則性問題時。
- 做法：直接命令。
- 結果：一輸一贏。

> **妥協**
- 條件：用在分配資源而當事人爭吵不休時。
- 做法：調解，各退一步。
- 結果：雙輸。

> **緩和**
- 條件：很難立即決定時。
- 做法：緩解，轉移焦點。
- 結果：雙輸。

> **擱置**
- 條件：很難立即決定且無力緩和時。
- 做法：迴避，靜待時間。
- 結果：不贏不輸。

案例 ▶▶汽車銷售爭奪同一個客戶

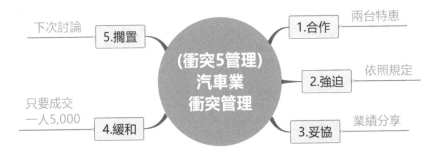

上面這張心智圖是我在汽車業授課時，有位主管問我的問題解法。
他問說，同一個客人有兩個業務在接觸，這時就會產生接單的衝突，我

會建議怎麼處理？

　　所以我就用衝突5管理來做示範說明：

〔管理情境❶〕

小王：客戶是我先接觸的。

小明：客戶是我以前的好友，而且他有意願跟我買車。

主管：〔**合作**〕你們倆可以想出一個互相合作且雙贏的方法嗎？

小王：這樣好了，我們鼓勵客戶再找一個人一起來買，我們兩台給他們
　　　特惠價，一人分一台業績，如何？

小明：好方法，就這麼辦！

〔管理情境❷〕

小王：客戶是我先接觸的。

小明：客戶是我以前的好友，而且他有意願跟我買車。

主管：〔**強迫**〕按照公司規定，小王先接觸這客戶，這客戶屬於小王。

〔管理情境❸〕

小王：客戶是我先接觸的。

小明：客戶是我以前的好友，而且他有意願跟我買車。

主管：〔**妥協**〕這樣好了，成交之後，一人算一半業績。

〔管理情境❹〕

小王：客戶是我先接觸的。

小明：客戶是我以前的好友，而且他有意願跟我買車。

主管：〔**緩和**〕這樣好了，不管誰成交，兩人獎金各加 5,000 元。

〔管理情境❺〕

小王：客戶是我先接觸的。

小明：客戶是我以前的好友，而且他有意願跟我買車。

主管：〔**擱置**〕今天先不談這問題，容我想想，下次再說。

我想你會問我，到底哪一個解法是好的？

我的回答是：「如果是原則性問題，就必須照規定來，因為原則及規定比較容易說服員工，也比較具公平性。若屬於非原則性問題，就要多鼓勵員工用合作的方式處理。」

King 老師即戰心法補帖

⊃ 解決衝突，對事不對人，一定永遠是對的嗎？

現實生活中，衝突並不如想像般的好處理，大部分是需要仲裁的，也就是會落入「強迫主管決定」的選項，不管如何，一定會有一邊不高興，如果組織衝突頻繁，就要回到人的問題來思考了。

以前在我的單位中，某位業務希望我協調工程師幫她寫客戶建議書，理論上這是工程師的職責，所以我會請工程師配合，但這位業務每次的需求都「有點難度」或「強人所難」，而且「頻度很高」，我幾乎天天要幫她跟組織同仁做仲裁……。

如果回到人的角度思考，這位業務已經是組織中的麻煩人物了，後來只好把她換到其他較不需要跟別人合作的單位。說也奇怪，自從她離開之後，部門的衝突減少了，績效也變好了，所以對事不對人不一定就是鐵則，有時是人的問題啊！

43 目標法則
沒有績效的團隊，一文不值

工具 ▶▶ 目標板

目的 ▶▶ 透過目標板的設定與檢核，讓你的管理有個依據

目標板~KPI Dashboard

員工	衡量	控制 5 步驟				
		1.目標	2.績效	3.差距	4.問題	5.對策

在領導4大支柱中，「計劃」訂出目標，「組織」配置人力，「領導」做出激勵，而「控制」就是要做到檢核。所謂檢核，就是要比較在計劃中訂出目標與實際執行的結果，若有落後，就要找出落後的問題，並做出因應對策，直到達成目標為止。

在控制的領域中，有許多法則要執行，分別為目標法則、問題法則、創新法則、會議法則、時間法則、夢想法則、行動法則。

「控制」的第一個技術是目標法則，用的工具是【目標板】，又稱為KPI Dashboard，KPI就是關鍵績效指標（Key Performance Indicator），Dashboard是儀表板，簡單的說，目標板就是一個可拿來檢視目標達成進度的表格。

- **員工：**寫上員工的姓名。
- **衡量：**指要達到的具體目標，一般衡量都不只一個。
- **控制：**一般有五個項目，目標、績效、差距、問題、對策，稱為「控制5步驟」。只有在有差距的項目，才需要填問題與對策。

案例 ▶▶汽車業之目標板

員工	衡量	控制 5 步驟				
		1.目標	2.績效	3.差距	4.問題	5.對策
王大同	1.台數	15台	20台		利息比別家高	建議可再降2%
	2.保險	50萬	40萬	-10萬		

上圖是我在汽車業授課時，給他們的建議表格，當然實際上的項目還有貸款、租賃、舊車……等等，一般他們對員工都只有記載目標與績效，但**真正該談論的是差距、問題及對策才對！**

- 員工：王大同。
- 衡量：台數與保險。
- 衡量與控制

  台數：目標15台，績效20台。

  保險：目標50萬，績效40萬。差距-10萬，問題是利息太高，對策是再調降2%。

King 老師即戰心法補帖

關於目標板KPI，以下提出兩點討論：

⊃**KPI vs OKR**

最近市場上又出現一種新的衡量方式，叫做OKR，且被很多一流的企業採用，其實說穿了，不過是個另類KPI而已，沒什麼大學問。

- 關鍵績效指標KPI（Key Performance Indicator）：
  - 概念：由上而下設定績效指標，專注結果，而非過程。
  - 優點：透過績效考核，督促員工完成結果。
  - 缺點：為了達成績效指標，員工可能不擇手段。

- 目標關鍵成果OKR（Objective and Key Results）：
  - 概念：共同討論設定關鍵成果，專注過程，而非結果。
  - 優點：透過關鍵任務，鼓勵員工完成前因關鍵成果。
  - 缺點：無法連結實際績效，績效可能呈現風險。

簡單來說，**OKR關注領先指標，KPI關注實際績效**，若沒做好OKR的領先指標，就不會有KPI的穩定績效。在實際的操作角度，其實是可以將新的OKR融入到原有的KPI裡面，以前面汽車業的目標板案例來說明，馬上就會很清楚！

員工	衡量	控制 5 步驟					
		1.目標	2.績效	3.差距	4.問題	5.對策	
王大同	1.銷售台數	15台	20台				KPI 績效指標
	2.保險金額	50萬	40萬	-10萬	利息比別家高	建議可再降2%	
	3.有望名單	50台	40台	-10台	來店少	辦活動	OKR 領先指標
	4.服務滿意	9.5分	10分				

首先加入OKR之「有望名單」跟「服務滿意」，這兩個衡量就是關鍵成果（領先指標）。如果手上有望名單夠多，自然銷售台數及保險金額較容易達成；若服務滿意度高，有望名單就會變多，當然也有助促成最終之KPI績效。所以我會建議KPI和OKR兩者混用。

つ 參照

領導力之訓練3元素：訓練3元素中，有20%定期教練指導，其中有關績效部分，必須憑著KPI的結果來討論。

領導力之激勵9式：在激勵9式的18種方法中，升職法、加薪法、表揚法，都可能會參照到KPI，有了參照，才能公平賞罰。

44 問題法則
問題找不到真正原因，怎麼做都是白搭

工具 ▶▶ 問題分析與解決

目的 ▶▶ 讓你在面對複雜問題時，能迅速找到根因，提供有效對策，達成既定目標

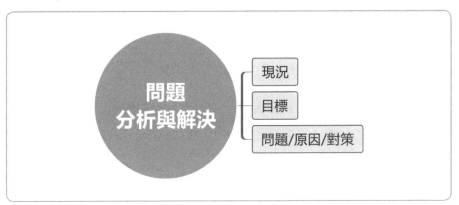

　　各位有沒有一種經驗，察覺現況不如預期，知道問題出在哪，對策也做了，但結果始終無法改善？

　　請看看前面溝通力的【解決型】，其版型大綱是現況、問題、對策、目標，如果照這個版型走一遍，結果與目標有落差時，有幾種可能性：問題不對？對策下錯？執行不力？……等等。

　　在這麼多可能性當中，可能性最高的就是：沒找到真正的問題。也就是所謂的 QBQ（Question Behind Question），不知道問題背後的真正原因。舉例來說：

　　➤ **解決型：現況、問題、對策、目標**
　　● 現況 → 本季績效不好。
　　● 問題 → 員工士氣低落。
　　● 對策 → 舉辦聚餐打氣。
　　● 目標 → 達到下季目標。

表面看來全部都對，但員工士氣低落的原因是什麼？如果是因為取消年度旅遊才導致士氣低落，那對策就應該是恢復員工年度旅遊，而不是舉辦聚餐打氣。所以版型就會變成：

➤ **問題分析與解決：現況、問題、原因、對策、目標**

- **現況** → 本季績效不好。
- **問題** → 員工士氣低落。
- **原因** → 年度旅遊取消。
- **對策** → 恢復年度旅遊。
- **目標** → 達到下季目標。

當然，並不是每一件事都要去深究原因，一般是延宕許久無法解決或是比較複雜的問題，才會啟動【問題分析與解決】的技術。而追蹤原因的方法，可參考下面的「豐田5問法」。

有一次，豐田汽車公司主管發現生產線上的機器偶爾會停止運轉，原因是保險絲燒斷了，每次都更換保險絲，但總是換過不久又會被燒斷，嚴重影響整條生產線的效率。也就是說，更換保險絲並沒有解決根本問題。於是豐田進行了以下的問答：

問1：為什麼機器停了？

答：因為超過了負荷，保險絲就斷了。

問2：為什麼超過負荷？

答：因為軸承的潤滑不夠。

問3：為什麼潤滑不夠？

答：因為潤滑泵吸不上油來。

問4：為什麼吸不上油來？

答：因為油泵軸磨損鬆動了。

問5：為什麼油泵軸磨損？

答：因為沒安裝過濾器，混進鐵屑等雜質。

經過連續五次不斷地追問「為什麼」，才找到問題的真正原因，我們稱之為「根因」。解法就是在油泵軸上安裝過濾器，之後問題就不再發生了。當然，實際用在工作上，並不是每件事都要往下問五次，但至少要去探討目前的問題是否還有背後的原因？如此一來，才能對症下藥，問題才能真正被解決，而目標也才能達到。

案例 ▶▶ A筆電公司通路不進貨

A筆電公司發現通路一直不願意進貨，公司看狀況不對，就猛打促銷，只要進貨就折讓10%（一般進貨折讓是2%），也未見起色。後來我協助他們使用問題分析與解決技術……。以下還原當時的情境，以這個經典案例示範說明：

啟用問題分析與解決版型～**現況、問題、原因、對策、目標**。建議把心智圖的放射狀改為往右延伸之「邏輯向右圖」，這樣比較可以看到追蹤根因的層次。

- **現況**

  目前通路進貨達成率只有50%。

- **問題**

  主要可分成四個面向來看：

  ✓ 毛利：毛利差，賣A公司筆電毛利不好。

  ✓ 市場：市場小，筆電市場逐年萎縮。

  ✓ 關係：關係差，A公司業務與通路之關係不良。

  ✓ 競爭：條件差，對手提供很多通路相關之保障。

  一般這個時候，大部分的人就是提供進貨加碼，花錢買單不就擺平了嗎？但若仍然不見效果，就得著手去找原因了。

- **原因**

  （舉毛利差這一線的根因進行追蹤）

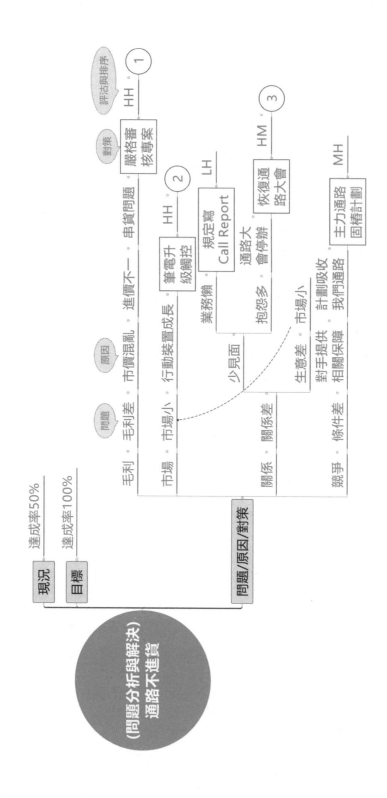

問1：為什麼毛利差？

答：因為市場混亂。

問2：為什麼市場混亂？

答：因為通路進價不一樣。

問3：為什麼通路進價不一樣？

答：因為有串貨及水貨問題。

何謂串貨？簡單來說，就是A筆電公司業務為了個人績效，申請一批特殊價格筆電，說是要給某大型企業的大量採購（一般低價折扣是30%），但其實是假單，這批低價貨就進入通路的庫房，然後這通路再以低價批貨方式給了其他通路，如此一來，市價便失去管控機制，毛利自然不穩。而另一路是水貨跑進來台灣，造成市價不穩。

因為可能有串貨或水貨，經過調查，假單疑似大量在發生，而水貨進來很少，且價差不大，所以假單串貨就是真正的根因了。畢竟10%進貨折讓再怎麼誘人，也打不過30%的低價批發。

- **對策**

找到根因之後，接下來當然就是要有對策，並且進行評估和排序。

〔**對策**〕以串貨問題來說，就是要阻擋假單，嚴格審核專案。

〔**評估**〕對策評估有兩個重要參數：**重要性**與**可行性**，以HML顯示高中低程度，例如「HH」就是「很重要，很可行」。

〔**排序**〕評估的排序為HH＞HM＞MH，在MM以下，含義就不大了。至於為何HM＞MH呢？因為是很重要的對策，即使可行性只有中度，也比中等重要但很可行的對策排序高一些。

⊃如果是同燈同分，該怎麼分出排序先後呢？像案例中的「嚴格審核專案」及「筆電升級觸控」，都是HH，這時候就要用**急迫性**及**效益性**來做進一步排序。因為審核專案具備更高的急迫性及

效益性，所以「嚴格審核專案」排在第一，而「筆電升級觸控」排第二，再來排序第三的是「恢復通路大會」。

⮡ 問題分析與解決，本身是一種專案管理的概念，所以對策必須經過評估與排序，選出三件最重要的對策，進一步展開執行計劃（如下圖。但如果資源及人力充足，可不限於做三個對策）。

• 目標

通路進貨達成率100%。

〔執行計劃〕把Top 3對策展開，每個對策可能會有一個以上執行計劃，而每個執行計劃都要列出衡量目標、負責人、日期、進度（提供更新進度檢核用）。

對策		執行	目標	負責人	日期	進度
①	嚴格審核專案	專案彙整	彙整(>100萬 case)	助理	每月25號	
		專案審核	審核(>100萬 case)	主管	每月月底	
②	筆電升級觸控	全面家用筆電升級觸控面板	9,000台/季	產品經理	六月底	
③	恢復通路大會	經銷商藍海高峰會	經銷商滿意度>80分	公關經理	七月底	

你可能會問，通路就開始進貨了嗎？答案請看下文揭曉。

King老師即戰心法補帖

⮡ 問題解決，除了技術，也需要勇氣！

其實，問題分析與解決，要的不只是**尋找根因的技術**，也需要**執行對策與計劃的勇氣**。例如案例中排序①的「嚴格審核專案」就是個大挑戰，因為牽涉到業務與通路的共同利益，甚或會有主管牽涉其中，案情看似簡單卻

又複雜，跟拆炸彈一樣，剪對線將一戰成名，剪錯線便粉身碎骨。

A筆電公司學員問我：「真的要動刀嗎？」

我問他：「有沒有一個挺你的老闆？」

他說：「有。」

我說：「那就幹吧！」

（經過半年）

我再問這位學員，改善結果如何？

他說才嚴格執行三個月，通路就開始進貨了，其他「筆電升級觸控」及「恢復通路大會」都還沒開始發動呢。

這件事，給了我一個很大的啟發，很多企業都有一個共同的現象，問題明明擺在眼前，大家卻淨做一些傻事，可能是不會問題分析，也可能是不敢面對。

以這個串貨的案例來說，A筆電公司在四個地方花了冤枉錢：

- 花薪水請業務來上班。
- 業務做假業績冒領獎金。
- 業務做假單給出大折扣。
- 再花錢做促銷去抵抗市價混亂。

除了在這些地方花大錢，又把自己的品牌做壞，這一切的一切，只因為不敢面對擺在眼前的事實。

身為主管的你，當走在對與錯的十字路口時，你會做什麼樣的選擇呢？我沒有很明確的答案，因為每個企業狀況不同，政治文化也不同，但這個案例，值得當主管的你我深思！

⑷⑤ 創新法則
學會創新，就是打開腦袋的天線

工具 ▸▸ 創新發想與決策

目的 ▸▸ 透過心智圖的整合發想技術，讓你能大量發想，並迅速收斂，進而產生決策

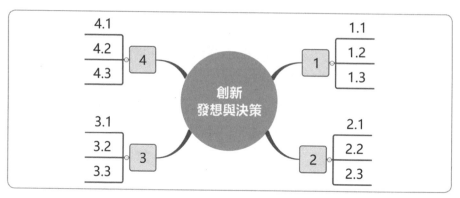

【創新發想與決策】及【問題分析與解決】皆為企業使用率很高的技術，因為在職場上，就是一連串的問題要解決，或是一連串的創新要發想。由於筆者擅長簡單快速的即戰手法，關於問題分析與解決及創新發想與決策，都只要一張心智圖加上一張執行計劃就可以完成。

回到創新議題來談，常用的工具有心智圖法、KJ法、曼陀羅法、奔馳法、635法、六頂思考帽、世界咖啡館……不勝枚舉，以筆者的門派來說，當然就是使用心智圖法。

如上圖，由於創新發想屬於自由聯想，所以是沒有版型的，主題放在中央，大綱就是1、2、3、4，其實創新發想用的就是心智圖法的Note Making（20頁），其開展方式有三種：（以右頁中秋節烤肉這張心智圖為例）

- 由上而下：先有1，再向下開展出1.1、1.2、1.3。

  例如→先有肉類，再往下產生豬肉、雞肉、牛肉。

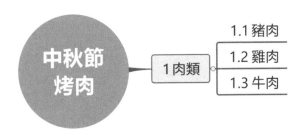

- **由下而上**：先有 1.1、1.2、1.3，再往上歸類出 1。

  例如 → 先有豬肉、雞肉、牛肉，再往上產生肉類。
- **混合式**：先有1.1、1.2，向上生出1，然後再由1往下生出1.3。

  例如 → 先有豬肉、雞肉，再往上產生肉類，然後再由肉類往下產生牛肉。

⊃ 附帶說明，以上都是同一支脈的垂直思考（Brain Flow），用哪一種方法都可以。當然也可由肉類，水平思考（Brain Bloom）橫向產出菜類。重點是利用心智圖法強大的思考奔放及邏輯整合能力，一邊大量的產生idea，一邊歸納整合，之後再進行總評估，找到最好的對策，展開執行計劃。

案例 ▶▶ 金融業的幸福企業發想

　　金融業是個比較高薪的行業，但也是比較辛苦的工作，所以每次在金融業做創新發想，學員都會忽然精神百倍。而創新發想跟問題分析一樣，都屬於專案管理的概念，在實際運作上有兩個步驟：

一、運用心智圖法

　　如前述，創新發想本身屬於自由聯想，並不需要任何大綱版型，但它跟問題分析一樣，都要發想出對策，然後進行評估、排序（有關評估及排序請參考323頁）。

　　例如，以「如何成為幸福企業」為題，找出前三大對策是①固定旅遊、②職場五力、③注重健康，整張心智圖如下：

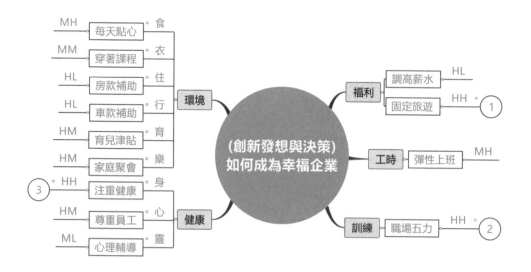

二、展開執行計劃

如下圖，把 Top 3 對策展開，分別填上執行計劃、衡量目標、負責人、日期和進度，提供更新進度檢核。（每個對策的執行計劃可能會有一個以上，每個執行計劃都要有衡量目標、負責人、日期、進度）

對策	執行	目標	負責人	日期	進度
① 固定旅遊	年度旅遊舉辦計劃	國內外旅遊各一次/年	A	寒暑假	
② 職場五力	職場五力培訓考核	90%通過職場五力測驗	B	6月底完成	
③ 注重健康	健康檢查	100%參加	C	1月底確認	
	健身運動	免費健身房年卡	D	1月底確認	

延伸：心智圖法＋KJ法之整合

進行創新發想與決策，如果忽然腸枯思竭，可結合心智圖法與KJ法一起運作。**KJ法**就類似前面例子中秋節烤肉的混合式，只是用卡片來

運作而已，其步驟如下：

➤ **製作卡片**

- 發想：請團隊中的所有人，每個人提供 1 ～ 3 個 idea，一個 idea 寫一張卡片。

➤ **歸類命名**

- 攤開：將每個人寫好的卡片全部攤在桌面上。
- 歸類：把內容相同或相似的卡片放在一起，加以分類。
- 命名：為該類別進行命名，寫在一張新卡片，放在該組別上方。以「中秋節烤肉」為例，先有豬肉、雞肉，再往上歸類，並命名為肉類。

➤ **再度開展**

- 展開：根據類別，往下開展或橫向展開。例如「中秋節烤肉」，肉類的歸類已經產生，再由肉類往下產生牛肉；當然也可以橫向開展為菜類、飲料類、佐料類、器具類……等等。

如此一來，就可以很迅速的產生很多 idea，創新發想與決策就能順利進行，當然整個運作是在心智圖的彙整之下完成！

延伸：心智圖法＋奔馳法（SCAMPER）之整合

如果實在是詞窮，用 KJ 法也擠不出 idea，那有沒有既有的版型可以輔助呢？答案是有的，可以使用**奔馳法（SCAMPER）**。

- 代替（S ＝ Substitute）：原有事物是否可以被取代？
- 組合（C ＝ Combine）：有哪些功能可以組合使用？
- 調整（A ＝ Adapt）：原有事物是否有微調的空間？
- 修改（M ＝ Magnify/Modify）：原有事物是否有修改的空間？
- 借用（P ＝ Put to other use）：除了現有功能之外，能否借用其他功能？

- 消除（**E ＝ Eliminate**）：原有事物有哪些可以被消除？
- 重排（**R ＝ Re-arrange**）：原有事物順序能否重排？

案例 ▶▶ **書包太重了，怎麼辦？**

現在小學生揹的書包都很重，嚴重影響到小孩的發育。有什麼辦法能夠改善呢？

口訣：**SCAMPER ＝代合調改用消排。**

只要這個版型一出來，答案很快也就出來了。

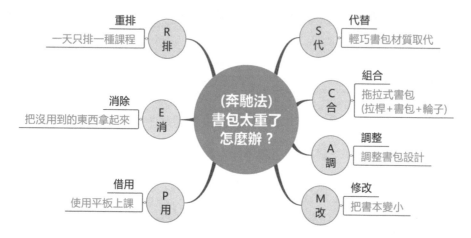

King 老師即戰心法補帖

⊃ 問題分析與解決 vs 創新發想與決策

相同處：兩個方法都有水平心智圖法及垂直執行計劃。先用心智圖法做集思廣益的水平發想，再用決策矩陣做細部計劃的垂直收斂。

相異處：【問題分析與解決】有版型～現況、問題、原因、對策、目標；【創新發想與決策】無版型～自由聯想，或有版型～ SCAMPER。

46 會議法則
懂得有效開會，才能告別溝通鬼打牆

工具 ▶▶ 會議6版型

目的 ▶▶ 讓你擁有高效開會的能力

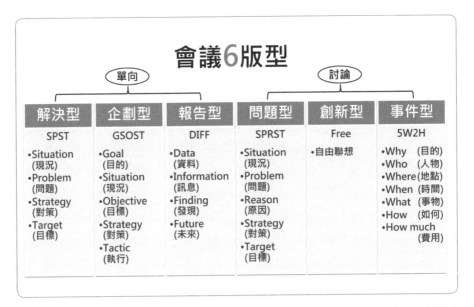

會議6版型

單向			討論		
解決型	企劃型	報告型	問題型	創新型	事件型
SPST	GSOST	DIFF	SPRST	Free	5W2H
•Situation (現況)	•Goal (目的)	•Data (資料)	•Situation (現況)	•自由聯想	•Why (目的)
•Problem (問題)	•Situation (現況)	•Information (訊息)	•Problem (問題)		•Who (人物)
•Strategy (對策)	•Objective (目標)	•Finding (發現)	•Reason (原因)		•Where (地點)
•Target (目標)	•Strategy (對策)	•Future (未來)	•Strategy (對策)		•When (時間)
	•Tactic (執行)		•Target (目標)		•What (事物)
					•How (如何)
					•How much (費用)

　　說起會議管理，不得不說會議深深的困擾著每一個上班族，可說是另類的職業創傷。然而走遍各大企業，儘管大家對無效會議如此痛恨，但它為何還一直存在於企業呢？

　　答案就是，因為主管想透過會議來了解工作狀況，或透過會議表決眾人相關之事，本意沒有錯，錯就錯在主管不懂得如何引導有效會議，只好帶著大家一起沉淪。

　　學習會議管理，首先要知道是什麼問題導致無效的會議。經過訪談歸納出十項：不知啥會、沒有準備、有人不來、一言堂、各持己見、偏離主題、會而不議、議而不決、決而不行、行而不追。只要有其中一項出現，會議可能就會失效。

如果以會議過程來分，這十項問題可歸在會議前、中、後，而解藥就是要依問題逐一破解：

> **會議前（不知啥會、沒有準備、有人不來）**

- 會議授權

　　會議前一定要有個被授權的主席。主席並不是來打雜的，而是被賦予權力及責任，可能是主管本身、專案負責人、員工輪流、會議發起者。重點是主席要有權力，這是所有會議的根源，因為缺了有權力的主席，就沒有會議的指揮核心。

- 發布大綱

　　主席的第一件事，就是發布與會大綱。建議大綱5W1H如下：

　　　　✓ Why（目的）

　　　　✓ Who（參與者）

　　　　✓ What（討論內容＆準備事項）

　　　　✓ When（時間）

　　　　✓ Where（地點）

　　　　✓ How（進行）

　〔舉例〕

　　　　✓ 目的：如何讓通路成長超過10%

　　　　✓ 參與者：King/Joe/Joey/Eric/Lorenzo/Joy/Richard

　　　　✓ 內容：通路成長討論～現況、問題、原因、對策、目標

　　　　✓ 準備：主要通路的進貨達成狀況

　　　　✓ 時間：2019/07/10

　　　　✓ 地點：會議室901

　　　　✓ 進行：1.待辦事項檢核30分鐘～ King

　　　　　　　　2.主要通路績效報告60分鐘～ Sales

　　　　　　　　3.通路成長討論120分鐘～ Joe

➤ **會議中（一言堂、各持己見、偏離主題、會而不議、議而不決）**

● **會議6版型**（下一段將會進一步討論）

➤ **會議後（決而不行、行而不追）**

● **會議摘要**

就是會議中的重點摘要，可能是開會決議或待辦事項。

● **執行計劃**

在會議6版型中，只有問題型及創新型會有執行計劃的產出。

有關【會議6版型】，分兩大類型說明如下：

一、單向型

就是單向對主管報告。

一般單向報告有三種型態：1.解決問題；2.工作計劃；3.績效報告。當然單位可使用自己的格式或自由報告，但如果能規定好報告的統一版型，會有利於員工的準備及主管的吸收。

➲ 建議使用溝通7版型中的三個對內版型，也就是【解決型】、【企劃型】和【報告型】，或主管可自行修改成自己部門的單向報告版型。

二、討論型

就是團隊討論會議。

這才是會議最挑戰的地方，所謂的鬼打牆會議就是這種討論型，因為它可能牽涉到跨部門溝通，一旦跨了部門，就可能會有立場問題及政治問題。關於跨部門溝通或跨部門會議，也有很多種套路，有一種套路是使用同理傾聽，求同存異，這個套路適用在成熟團隊。我個人比較傾向使用高效工具，因為工具會有對事不對人的特質，可以巧妙化解立場衝突，有利於團隊的共識建立。

一般討論型會議有三種版型：1.問題分析與解決；2.創新發想與決策；3.活動事件之決議，也就是會議6版型中的問題型、創新型和事件

型。其中問題分析與解決及創新發想與決策，已經在前兩技中介紹過，以下針對事件型示範說明。

➤ 事件型

就是跟舉辦活動相關的討論與決議，例如聚餐、尾牙、旅遊、說明會……等等。一般事件型大綱包含七個元素：Why（目的）、Who（人物）、Where（地點）、When（時間）、What（事物）、How（如何）、How much（費用），也就是5W2H。

- Why（目的）：活動目的。
- Who（人物）：活動參加者。
- Where（地點）：活動地點。
- When（時間）：活動時間。
- What（事物）：活動相關事物。
- How（如何）：活動進行方式。
- How much（費用）：活動費用。

事件型的會議技巧，重點在於如何產出這5W2H七個元素，因此會使用到心智圖法的動態引導。這是心智圖很有力量的應用，可分為三段：**確認→連結→預算**。

- 確認：首先務必要確認舉辦這個活動的目的（Why）。
- 連結：決定好目的之後，再開始啟動連結人物（Who）、地點（Where）、時間（When）、事物（What）、如何（How）。
- 預算：當所有事情都被確認，最後就是進行費用（How much）的總結。

案例 ▶▶ 前公司之員工旅遊事件型討論

右頁這張心智圖，是我在前公司一場印象很深刻的會議引導經驗，討論主題是員工旅遊，但會議開了好幾次，一直無法凝聚共識，後來我

就自告奮勇，主動幫大家「服務」這個會議。雖說是服務，其實是想透過有效引導，趕快結束這個冗長無聊的會議。（下面依照順序，還原當時的狀況）

開會之前，我先跟大家約法三章，每個人都可以表達自己意見，會議中任何意見都會被採納參考，但最後要依照投票結果決議，懇請大家支持，尋得初步共識。

➤ **確認**

• **Why（目的）**

我首先問同事們，此行的目的是什麼？

問題才剛落下，馬上就迎來一片鼓譟。於是我一邊聽一邊彙整民意，並呈現在Why底下，共分三路，分別是：團隊活動（Team Building）、員工家庭日（Family Day）、頂尖業務獎勵旅遊（Top Sales Award trip），隨即進行舉手表決，結果獲得最高票的是團隊活動。

➤ 連結

- **Who**（人物）

  既然決定團隊活動，再來就要開始討論誰可以參加。

  無庸置疑的，既然是團隊活動，只要是這個團隊的任何一分子，不管是<u>正式員工</u>或是<u>約聘員工</u>，都一律可參加，這一次就百分百通過了。

- **Where**（地點）

  接著要討論哪個地點最適合團隊活動的運作。

  這次意見可就多了，<u>亞洲</u>、<u>歐洲</u>、<u>美洲</u>都有。這裡務必記得，不管底下講什麼，就把所有答案全部寫上去。不用擔心，好戲在後頭的引導，而引導就必須要有點技巧了。既然所有員工都要去，就會有經費考量，因為歐美團費極貴，如果要加收費用，大家就不開心了，這一步已經把歐洲及美洲巧妙的刪去，只剩下亞洲這個選項，所以地點馬上就被連結出<u>日本與泡湯</u>。

- **When**（時間）

  確定要去日本泡湯，那麼<u>寒假</u>出團是必然的。

- **How**（如何）

  泡湯之旅的餘興節目呢？我丟出大型榻榻米分組<u>晚會</u>表演，當場會議整個沸騰了起來，而團隊共識就在快樂融洽的氣氛中達成了。但再怎樣的開心旅遊，總不能忘了企業本質，還是要讓老闆們以展望未來的說話形式<u>開個小會</u>，免得有自肥的罪惡感。

- **What**（事物）

  說到開會，就得帶上筆電及投影機，或詢問飯店能否租借。

➤ 預算

- **How much**（費用）

  既然前六項都已出爐，一個人要1.5萬，正式員工40人免費，約

聘員工20人，自費5仟，補助1萬，總共費用需要80萬。

整個會議引導過程不到一小時，大家很開心的一起做出決定。那次員工旅遊雖然只有短短四天，卻是我這輩子最開心的一次團隊出遊，我還記得跟大家在榻榻米跳舞的情景，如此融洽的氣氛，其實在會議引導時，就已經浮現在我的眼前了。

King 老師即戰心法補帖

⊃ 心智圖法的妙用

請大家再回顧前面事件型案例的心智圖圈選部分，它某種程度代表著會議結果，而為什麼還要保留那些沒有被選上的意見呢？這就是心智圖法的妙用所在。它有兩個含義：

(1) **尊重**：大家的意見都還在上面，表示我們重視每一個人的發言權。

(2) **彈性**：如果因某種狀況而有了變數，例如老闆一語定乾坤，要改成頂尖業務獎勵旅遊（Top Sales Award trip），也就是說 Why（目的）被改變了，之後所有連結當然也會跟著改變，而心智圖上面的所有訊息，便能立即發揮相關的連結作用。

⊃ 傳統腦力激盪 vs 心智圖法激盪

傳統腦力激盪（Brain Storming）看似民主，有時會發散、跳躍、中斷；而心智圖法激盪（Mind-Mapping Storming）有三大優點：**歸納、引導、聚焦**，它既保有腦力激盪的發想本質，還具有同步歸納、引導和聚焦的能力，使整個會議節奏變得速度快、氣氛好、決策準，實在是妙用無比。

各位讀者如果能好好應用會議6版型，就能從此告別無聊的鬼打牆會議，團隊戰力也會因此大大提升，員工的幸福感也會跟著提升。

47 時間法則
明日事，今日畢

工具 ▶▶ 時間管理4象限

目的 ▶▶ 透過時間管理4象限的管理，讓你成為時間的主人

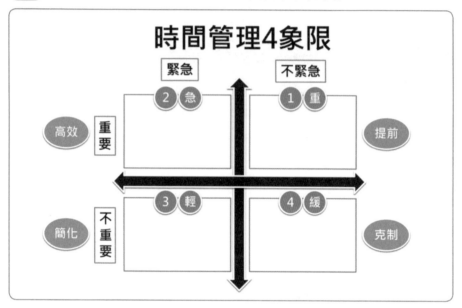

如果說世上有三種人，第一種人「昨日事今日畢」，第二種人「今日事今日畢」，第三種人「明日事今日畢」，請問這三種人在職場的成就會有什麼樣的不同？

先說第一種人，這肯定是職場的魯蛇，因為他總是拖拖拉拉，最後草草了事。而第二種人跟第三種人有哪裡不一樣？老師不是說過要今日事今日畢嗎？明天的事明天再做不好嗎？今天先做明天的事有什麼好處呢？

答案很簡單，如果你今天把明天的事先做完，等明天一到，你便可在明天做後天的事，這樣一來你便會一路領先，而一路領先的人，成功的機會自然大增。當然你可能會問，誰知道明天要做什麼事？其實，大

部分的人都知道明天要做什麼，還有未來即將發生的事，也都會在時勢的推演與預測中得知。

回到剛剛談的時間先後，我們先定義橫軸為「緊急」（今天）與「不緊急」（明天），再加入縱軸「重要」與「不重要」，這樣就會交叉形成【時間管理4象限】。這四個象限**依照處理順序**，會是❷→❶→❸→❹（急、重、輕、緩）；但若是**依照關注順序**，則會是❶→❷→❸→❹（重、急、輕、緩），以下按照關注順序逐一解釋：

❶重

- 狀況：重要，不緊急。
- 做法：**提前**。

  越是高層的人，越要放更多的時間比例在這一塊，重要的事情多提前做，緊急的事情自然會減少。

  例如客服部門，如果把經常出現的問題統計出來，找出前十大問題，事先予以防範，或是寫出一套處理SOP，緊急狀況就會減少，以重救急才是正本清源之道。

❷急

- 狀況：重要，緊急。
- 做法：**高效**。

  這是最容易被觸發行動的一塊，因為它最急又重要，建議善用本書介紹的50個技術，高效更為顯著。不過，就像前面說的，多做重事，急事自然減少。

❸輕

- 狀況：不重要，緊急。

  輕，意指這件事是個「假議題」，其實可以輕鬆帶過。這個陷阱在組織中最具危害性，很多企業都被卡在這裡，例如無效會議、無聊八卦、無聊聚會……等等。

- 做法：**簡化**。

能簡化的就簡化，能轉包就轉包，或乾脆直接拒絕。

❹緩

- 狀況：不重要，不緊急。

緩，意指這件事可以暫緩或擱置，同時這也可能是最為舒緩的一塊。它可能讓人感到紓壓或愉快，但會讓組織無法聚焦，慢慢地侵蝕個人及組織的寶貴時間。

- 做法：**克制**。

刻意去控制這一區塊的時間浪費。

如前述，時間管理就是時間的分配，我在企業做過很多測試統計，他們花在❶的事情，比例幾乎是零，大概有70%的時間在做❷的事情，30%在做❸與❹的無聊事情。一個成功的人，如果以月為單位，至少要有30%以上時間在做❶的事情，越是高層就要投入更多的比例，這個企業才有未來。

案例▶▶某製造業的時間管理4象限

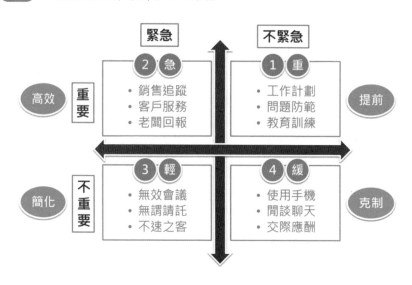

左頁這張象限圖，是在科學園區某製造業講授時間管理課程時，我請他們把每一個區塊常發生的三件事，照順序填入，他們說這樣排完之後，心理壓力頓時減輕很多：

➤ **重**

- 工作計劃：每個人先把整年度工作計劃擬好（可參照溝通力解決型或企劃型）。
- 問題防範：列出主要問題，事先做好問題防範。
- 教育訓練：寫下最希望加強的核心競爭力，並投入學習。

➤ **急**

- 銷售追蹤：集中在某個時段統一追蹤，不要太散亂。
- 客戶服務：制定高效的服務SOP，尤其是常見服務。
- 老闆回報：制定固定回報格式，在週報時回報即可。

➤ **輕**

- 無效會議：集中及簡化，去除不重要的會議。
- 無謂請託：拒絕或簡化，把精力放在需要關注的事項。
- 不速之客：直接就拒絕，委婉告知必須先有約定才來。

➤ **緩**

- 使用手機：規定重要會議或培訓時調成無聲。
- 閒談聊天：每週三下午四點定為happy hour，讓大家好好暢聊，平常就多做正事。
- 交際應酬：減少部門聚餐，以健康戶外活動取代，並減低次數。

King 老師即戰心法補帖

職場歷練多年，放眼望去，大多數人都把時間放在緊急的事，不管它重不重要，反正就是急，也難怪成功的人不多。所以，除了以上的時間管理4象限之外，最後再加碼時間管理10技巧提供大家參考。

⊃ 時間管理10技巧

• 目標設定

有目標，知道時間該用在哪裡，才不會搞了半天回到原點，或是不知漂向何處。

• 分類處理

把工作事項分類，才能同類事情一起處理。

• 製造緩衝

要求別人的事往前，答應別人的事往後。例如跟別人要東西，底限是星期五，就往前壓到星期三，預防他人遲交；相反的，若知道自己可以星期三完成，就允諾他人星期五會給，提早會驚喜，遲交會準時。

• 高心流

所謂高心流，就是做了什麼事情，會讓你處於很快樂的狀態，在生理學角度，當你很快樂時，大腦就會分泌多巴胺，這是一種有利健康、正面思考、靈感活絡的良藥。例如對我而言，游泳、跑步、靜心、音樂、泡湯、SPA、開敞篷車、演說、助人，會讓我覺得高心流，那就多做這類事情，讓自己常處於高能量狀態，有助工作成果及愉悅人生。另外一提，這個快樂，必須要是正面及有挑戰性的。

• 集中處理

同類型的事，集中在同一個時段。例如所有開會都在星期一，所有拜訪都在星期二，集中可以搭配分類使用，先分類事情，再集中時段。

• 一心二用

就是把一件需要專注的事＋一件不需專注的事，放在一起做。例如一面坐高鐵＋一面做簡報；一面洗碗盤＋一面看視頻；一面跑步＋一面聽英文；一面整理家裡＋一面跟同事講電話。這樣的效果很大，因為你可能很不愛洗碗盤，但卻因為一面看視頻，而把洗碗盤的痛苦忽略掉了，另一方面是同一時間做了兩件事。

- 零碎時間

利用早起、睡前、等車、交通、間隔、等人、吃飯、休息……等零碎時間，處理簡單的事，例如發想、記錄、回電、更新 Schedule……等雜事。

- 化繁為簡

凡事簡化，建議大量使用心智圖法。相信 King 老師，學會心智圖法，不只省時又能高效。

- 捨就是得

該捨去的工作、該放手的應酬、該放下的創傷，脫掉脫掉，通通脫掉，有捨有得，大捨大得，小捨小得，不想捨得，動彈不得。

- 整理桌面

桌面有兩種，一種是辦公桌面，一種是電腦桌面，保持清理狀態，從心開始，重新開始。

48 夢想法則
回到未來，設定目標，改變現在

工具 ▶▶ 夢想板

目的 ▶▶ 透過夢想板，讓你知道為什麼活著

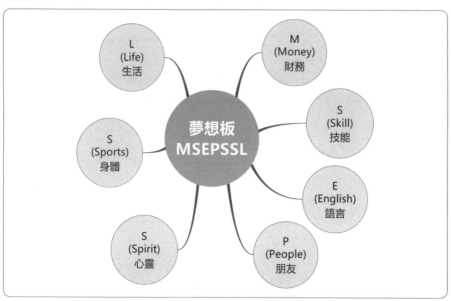

　　首先，先來介紹一部超好看的日本動畫電影《你的名字》，這大概是繼《回到未來》之後，我看過最好看的跨越時空好片之一。這部動畫片，描述一位住在東京的男孩瀧，一覺醒來，跟日本深山小鎮糸守町女孩三葉交換靈魂的故事。

　　他們經歷了彼此的生活，變成了很要好的朋友。有一天，三葉卻再也沒出現了，於是瀧就循著記憶，跑去糸守町尋找三葉，發現她早在三年前一場彗星撞地球的災難中，跟著糸守五百位鎮民一起喪生。瀧在傷心之餘，開始追尋三葉過去的生活點滴，在洞穴中發現當年三葉親手釀的口嚼酒，一飲而盡後，兩人竟再一次交換靈魂，回到了三年前，彗星撞地球的前一天。瀧告訴三葉一定要趕快逃跑，因為明天就要發生大災

難了……故事結局是瀧救了五百位鎮民的生命，當然包含他最心愛的三葉。那到底King老師講這段故事要做什麼呢？我要各位去思考，如果你現在過得不好，是誰從三年後跑到今天來救你呢？這個答案，就是三年後的你自己！

畫一張時間的轉換圖，相信各位馬上就會理解：

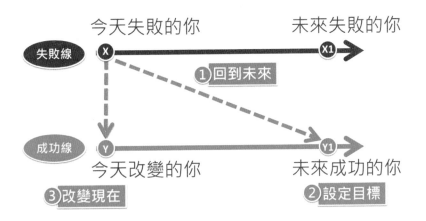

如果今天的你是在失敗線的X，若沒有任何人來解救你，那麼你未來肯定會是落在失敗線另一端的X1；而那個前來救你的人，就是未來成功的你Y1，Y1會把你從失敗線上的X，拉到成功線上的Y，以備日後能進行到Y1。當你懂這個概念後，筆者就要送你12個字：**回到未來，設定目標，改變現在。**

❶回到未來

回到三年後的今天。

❷設定目標

想像你三年後想要達到的目標，並把它寫進夢想板心智圖裡。

❸改變現在

再回到今天，這時的你已經變了，就不再是原來的你了。

人如果沒有夢想，就沒有目標；沒有目標，就不知道要去哪裡；不

知道要去哪裡，就不知道要做什麼；不知道要做什麼，就不會快樂！所以，人之所以不快樂，答案很簡單，就是：沒有夢想。

「回到未來」很容易，只要想像未來的某一天就可以做到，而這一技要教你的是如何「設定目標」，下一技要教你如何「改變現在」。

談到如何設定目標，首先要知道人類的行為科學，就是視覺化。我先給各位一個公式：

Imagination（想像化）＞ Visualization（視覺化）＞ Realization（成真化）。

各位是否有聽過，當你很想要一台賓士車，就把賓士車的照片貼在桌面，天天去想像擁有賓士車的景象，沒多久你就擁有賓士車了。這意思並不是說，天天想著賓士車，它就會像跟阿拉丁神燈許願一樣變出來，而是要你天天想著它，就會燃起你擁有它要付出的努力與勇氣，這個操作關鍵，就在於視覺化，而視覺化的工具，首推心智圖之【夢想板】。

一般跟職場人士有關的夢想，主要可分為下面這七種，當然讀者可自行調整修改，逐一說明如下：

- 財務（M＝Money）

  相關職位及年薪所得，或相關投資。

- 技能（S＝Skill）

  職場核心技能或表現成果。

- 語言（E＝English）

  語言的能力（這是職場的基本題）。

- 朋友（P＝People）

  你所關注的朋友圈。

- 心靈（S＝Spirit）

  心靈層面，可能是志向、宏願、修行或信仰。

- 身體（S＝Sports）

身體層面，包含健康程度及生活作息。

- 生活（**L = Life**）

 生活的需求，例如飲食、衣著、房子、車子、學習、旅遊、嗜好、享樂等食衣住行育樂方面。

案例 ▶▶King老師的夢想板M.S.E.P.S.S.L.分享

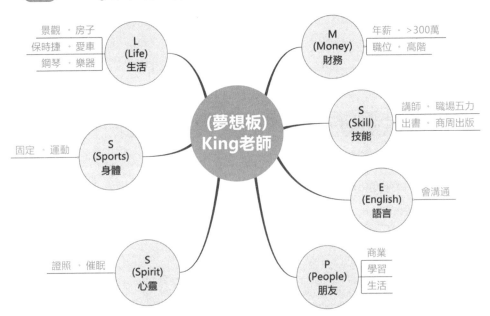

2005年，在一次飛往美國的飛機上，也許是經過國際換日線的高心流轉換，我順手拿起一張白紙，寫下我的夢想板：

- **M財務：** 年薪超過300萬，職位要能達到高階主管。
- **S技能：** 當個正式職場五力講師，並透過商周出書。
- **E語言：** 英文不好，痛下決心，至少要會溝通。
- **P朋友：** 淡化損友，留下對商業、學習、生活有正面交流的朋友。
- **S心靈：** 要拿到催眠證照，以備日後要當心理諮商師，救己又可救人。

- **S身體**：改變作息，多多運動，沒有健康，一切免談。
- **L生活**：買一間夢想中的景觀房，買台P牌夢想車，學會簡單的民謠鋼琴。

說也奇怪，從那天起，我變了！我不敢說自己變得很快樂，但知道我為什麼活著。

你可能要問，這些夢想，我都達到了嗎？

答案是：yes, I do！

當然，夢想板的達成，光只是寫下來還不夠，還要搭配下一個技術工具【圓夢計劃】才行。

King老師即戰心法補帖

有一天，一位金融業學生在LINE上面傳了一個訊息給我，我點開一看，是一首歌〈You Raise Me Up〉（你鼓舞了我），作詞者是愛爾蘭小說家兼作詞家Brendan Graham。

You raise me up, so I can stand on mountains.

You raise me up, to walk on stormy seas.

I am strong, when I am on your shoulders.

You raise me up, to more than I can be.

我仔細去看歌詞內容，大意是說：

當我在絕望深淵的時候，你像天使般把我救了出來……

她說自從上過我的課，聽過我的夢想板分享，她回去馬上寫下自己的夢想板，之後拒絕了所有的負面思維與無聊聚餐，全部投入學習，也因此實力大增，找到她人生的方向。

我跟她說，是妳Raise me up，妳讓我想起我當老師的初衷，就是要傳播善知識，去幫助需要幫助的人！

49 行動法則
倒果為因，以終為始

工具 ▶▶ 圓夢計劃

目的 ▶▶ 透過圓夢計劃之執行，才會讓夢想真正的實現

圓夢計劃

夢想	項目	現況	1	2	3	4	5	6	7	8	9	10
Money												
Skill												
English												
People												
Spirit												
Sports												
Life												

這一章節的圓夢計劃，是延續夢想板的後續動作。

各位是否參加過直銷商大會？在那種場合當下，會讓你感到熱血沸騰，但是過了幾天，又會覺得夢想遙不可及，還是當回原來的自己。這種「上課感動，下課不動」的主要原因，就在於沒有採取行動。

既然採取行動那麼重要，怎麼還是有這麼多人無法採取行動呢？因為這種無法採取行動的行為，是人類天生的制約系統，它讓你覺得踏實心安，也免於再一次的挫折。所以，我想提出一種更有效的辦法，讓我們能採取行動，那就是圓夢計劃（如上圖），口訣是：**倒果為因，以終為始**。幾個步驟說明如下：

一、填入夢想板項目

將上一章節夢想板的項目（如M財務、S技能、E語言、P朋友、S

心靈、S身體、L生活）填入左側欄位。

二、寫下目前的現況

寫下每個夢想項目目前（第1年）現況。例如，關於財務，目前年薪100萬、職位是業務……等跟財務相關現況。

三、放入目標里程碑

先把項目總目標放到某一年的時間點，再「以終為始」的往前推出子目標時間點，因為子目標較易達成，所以當時間一到，就比較容易採取行動。

前幾年我一直想去法國，但總因為某些原因沒去成，我就在去年的每一堂授課，都大聲的告訴同學，King老師2019年1月，一定會帶著家人去法國旅遊，後來我終於如期去了法國，這就是目標壓上時間點，並搭配大聲說出來的一種有效方法。

案例 ▶▶ King老師的圓夢計劃

關於夢想板項目內容，在346頁已經詳述，下面這張圓夢計劃表，最主要就是把目標具體化及壓上時間點（里程碑）。

夢想	項目	現況1	2	3	4	5	6	7	8	9	10
Money	年薪	100			200			300			
	職位	業務←─ 行銷 ←────── 主管 ←──────						高階			
Skill	講師	不是						實習			
	出書	心智圖法認證	銷售企劃認證		專案管理認證					正式商周出版	
English	英文	不好	會寫	會講	會聽						
People	交友	太多				商業/學習/生活 朋友					
Spirit	催眠	不會						催眠證照			
Sports	跑步	4次/月				12次/月					
Life	房子	14坪		30坪					50坪		
	汽車	L牌			B牌				P牌		
	鋼琴	不會			會						

如上面的說明，我們主要做三件事：

➤ 填入夢想板項目

將夢想板的項目填入左側欄位。

➤ 寫下目前之現況

把每一個夢想項目的現況，全部寫下來。

➤ 放入目標里程碑

- **M財務（Money）**

  年薪超過300萬，職位要能達到高階主管。（第7年）

- **S技能（Skill）**

  當個正式職場五力講師，並透過商周出書。（第10年）

- **E語言（English）**

  英文不好，痛下決心，至少要會溝通。（第4年要能聽）

- **P朋友（People）**

  淡化損友，留下對商業、學習、生活有正面交流的朋友。（即日起開始改善）

- **S心靈（Spirit）**

  要拿到催眠證照，以備日後要當心理諮商師，救己又可救人。（第7年）

- **S身體（Sports）**

  改變作息，多多運動，沒有健康，一切免談。（即日起，調為12次／月）

- **L生活（Life）**

  買一間夢想中的景觀房（第8年），買台P牌夢想車（第9年），學會簡單的民謠鋼琴（第4年）。

把各個夢想項目的最終目標放到某一年的時間點，再「以終為始」往前推出子目標的時間點（里程碑）。例如，我希望在第7年晉升高階主管，那麼第4年就要升基層主管，第2年轉行銷職務，取得銷售及企

劃的相關認證，英文要先能寫，其他的都暫時先不要想。

圓夢計劃的進階

接下來，我想再談談圓夢計劃的三個進階概念，同樣以King老師的個人案例說明：

一、因果概念

以時間來看，就是「倒著想，順著做」。例如，我想要第10年在商周出書及成為講師，就得先一個個取得相關的專業認證，若不按照時間里程碑拿到認證，以後一定無法出書及成為講師。

各位是否還記得電影《回到未來》中的一個重要橋段：男主角回到三十年前，巧遇他的父母親，但由於他的介入，使他的父母差點無法相遇，而他的手也就一點一滴的在消失中……；後來他的父母在舞池擁抱接吻，他的手就出現了。所以，今天若沒有啟動，後面的結果都會跟著消失不見。

二、切割概念

所有的項目最終目標並不是在同一年達成，每一年都有該年度所要達成的項目子目標，所以每一年就好好執行該年的行動計劃即可。

這個切割概念是要告訴大家，只要每年照著計劃行動，你有一天會忽然發現，所有的夢想都實現了；反過來說，如果你遲遲沒有行動，那麼以後時間一到，Time is up，你就是一無所有。

三、跨接概念

買P牌車子，成為講師，以及要在商周寫書出版，有個很重要的共同先行指標，就是要在外商晉升到高階主管，所以「高階主管」這個里程碑，就是個很重要的跨接位置，又可稱為關鍵目標。

夢想板中的所有目標，有些會因為時間不夠、資源不足，或其他因素而無法達成，但關鍵目標，必須全力以赴，它對你的人生會有很大的

正面能量。

也許你會說:「夢想板寫了,圓夢計劃我也做了,但一開始就挫敗了,更不用說達成最終目標。」

我只能這樣回答:「沒做沒機會,有做有機會,或是達到其中一些也很不錯啊!」

King老師的圓夢計劃,其實有些我都延遲了,但最終目標還是都有達到。

鼓勵各位在一開始,不要把目標訂得太難,先初試一個簡單的夢想,然後採取行動去達成,之後再慢慢去挑戰更偉大的夢想。

以前我有個員工,一直跟我說他有好多夢想都沒達成,心情好沮喪。我問他最簡單的是哪一項?

他說是買台二手賓士敞篷車。

我說那就去買啊!

他說一台70萬,他只有40萬,少30萬。

我說借你30萬,我們現在就一起去。

結果那天他就圓夢了,之後他也逐一達成其他的夢想。

各位,只要開始改變,改變就會開始,你有什麼很簡單而又很想達成的夢想呢?

就在這一刻,Just Do it!

50 領導整合～教練式領導4大支柱

照著流程走，你就變高手

案例 ▶▶ King老師最佳經理人之領導秘訣

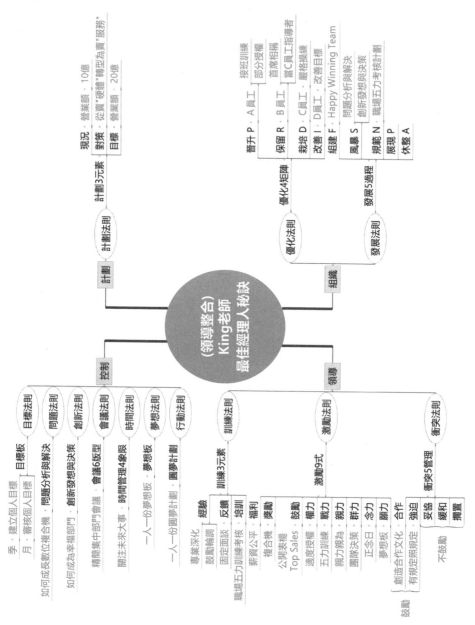

左頁這張領導整合心智圖，藍色部分就是案例內容。這是我在前公司實際運作的領導管理方式，同時這套方法也為我帶來前公司亞洲最佳經理人的殊榮，在此分享給大家參考。

一、計劃

➤ 計劃法則 — 計劃3元素

- 現況：營業額10億。
- 對策：從賣「硬體」轉型為賣「服務」。
- 目標：營業額20億。

二、組織

➤ 優化法則 — 優化4矩陣

以ABCD四名員工舉例示範。

- 晉升（**Promote**）：A員工→接班訓練，部分授權。
- 保留（**Retain**）：B員工→首席相稱，當C員工的指導者。
- 栽培（**Develop**）：C員工→嚴格操練，做為組織未來的中堅及備援分子。
- 改善（**Improve**）：D員工→給予改善目標，限期改善。

➤ 發展法則 — 發展5過程

當時部門正處於規範階段，有一定的互信基礎，但我剛接這個部門，彼此之間要重新磨合，所以我還是從組建步驟開始做起。

- 組建（**Forming**）：建立部門文化，定義為Happy Winning Team。
- 風暴（**Storming**）：此時該關注的是開放的心及解決衝突，並進一步要求承諾，所以我就巧妙的列出一些部門議題，並使用【問題分析與解決】及【創新發想與決策】來凝聚共識。
- 規範（**Norming**）：啟動職場五力考核計劃增強員工核心競爭力。

⮑一開始只寫下這三個階段，因為進行順利，隔年的發展計劃便出現了第四（展現）與第五（休整）階段了。

三、領導

➤ 訓練法則 ― 計劃 3 元素（721 比例運用）

- 經驗 **70%**：專業深化在職經驗，並鼓勵職務輪調，歷練新的職位與能力。
- 反饋 **20%**：每季固定安排面談，傾聽員工心聲及回顧績效。
- 培訓 **10%**：職場五力訓練及考核，務必要複製出很多的我。

➤ 激勵法則 ― 激勵 9 式

- 福利：盡量追求薪資公平，需要調整就調整。
- 獎勵：複合機是重點產品，加碼獎賞或啟動競賽。
- 鼓勵：公開表揚 Top Sales 優勝者。
- 權力：給予表現好及資深者適度授權。
- 戰力：職場五力考核計劃。
- 親力：親力親為，以身作則。
- 群力：重要議題，跟團隊一起做決策。
- 念力：規定每星期三為正念日，大家整天都要講好話。
- 願力：每人一份夢想板，鼓勵圓夢。

➤ 衝突法則 ― 衝突 5 管理

- 合作：創造合作文化。
- 強迫：有規定照規定。
- 妥協／緩和／擱置：不鼓勵。

四、控制

➤ 目標法則 ― 目標板

建立個人目標／季，每季設定一次。

審核個人目標／月，每月檢核一次。

➤ 問題法則 ― 問題分析與解決

「如何成長數位複合機」是當時最需要解決的問題。

➤ 創新法則 — 創新發想與決策

發想「如何成為幸福部門」，讓部門每個員工在充滿幸福感的環境中工作。

➤ 會議法則 — 會議6版型

精簡集中部門會議，盡量集中在星期一，一次解決，並使用版型開會，拒絕無效會議。

➤ 時間法則 — 時間管理4象限

關注未來大事，特別是目標設定、員工訓練及問題防範。

➤ 夢想法則 — 夢想板

一人一份夢想板，彼此分享，讓大家充滿活力。

➤ 行動法則 — 圓夢計劃

一人一份圓夢計劃，一起來追蹤夢想板達成進度。

King 老師即戰心法補帖

複習教練式領導4大支柱心法：

(1)**計劃**：計劃要做好，要領又要導。

(2)**組織**：賞罰要公平，對待要偏心。

(3)**領導**：士為知己拚，只要知我心。

(4)**控制**：控制一定要，目標才會到。

領導力實效見證

一場改變亞洲市場的顧問式培訓！

三年前，有緣在公司安排的一場B2B workshop中，接觸到國欽老師。對國欽能深入「簡出」，以在外商品牌公司多年的實戰經驗，結合歸納整理的心法，針對B2B生意成功的關鍵因素，戰略擬定，戰術展開，戰技培養，團隊戰鬥，組織設計，侃侃而談，印象十分深刻，且有巨大的收穫。

之後也特別情商國欽為明基亞太區所有海外總經理，量身訂做一場英文版的策略規劃課程，連海外同仁都感受到那種醍醐灌頂，任督二脈都被打通的暢快與興奮感。

當年公司正面臨著重大的挑戰，需要同時完成生意的轉型和數位化的轉型，並且要帶領來自幾十個國家，有著不同文化與背景的團隊，共同完成這艱鉅的任務，國欽的書確實給了我不少的提點：領導就是要會領也要導，領導者必須清楚地知道要往哪裡走，並讓團隊願意跟著自己走，因此既要懂得帶人、帶心、帶腦，也要會善用領導4大支柱，從計劃、組織、領導、控制來完成公司設定的目標，做變革領導，以完成生意的轉型。

這三年來，明基在許多亞太國家B2B生意有重大的突破，其中很多重要的決策與安排都是參照書中的理論與方法，去做實際驗證。《職場五力成功方程式》真的不只是一本很好的職場工具書，而是一本結合了職場上道（內功心法）與術（武功招式）的武功秘笈，能讀透其中道理，並實際去操作，定能讓讀者的思考力、溝通力、銷售力、企劃力與領導力功力大增，成為職場上的勝利組。

而國欽的第二本書《一學就會！職場即戰力》，是進階的把五力化成50個技術，能分拆又能組合，再輔以行業案例，我已經迫不及待要拜讀了。

——BenQ明基 亞太區總經理

梁啟宏

⋯⋯ ◆ ⋯⋯

接地氣，才是王道！

兩年前，為了凝聚主管層對於公司年終策略願景的共識，在三峽舉辦了三天兩夜的團隊活動，最主要目的是要提振士氣，激勵遠雄房地產團隊挑戰一年365億的銷售業績。我們需要一位專業講師，這位講師必須兼具

企劃包裝、銷售技巧、思考邏輯整合及領導能力……等各種條件，而這樣面面俱到的講師非常不好找，因此我們進行了眾多專業講師的激盪遴選。

在見到 King 老師時，看到他自信的拿出他設計的企劃 5 大流程表單，為我們清楚分析廠辦、豪宅、一般住宅、剛性住宅，針對不同產品類型做精準的定位，並且談到如何領導團隊達成業績目標……最重要的是，眼前的 King 老師還帶著高階主管的銳氣及行雲流水的口條，我們團隊一致認定，沒錯！這就是我們要的人了！

之後我們進行了一場極具影響及專業的主管共識訓，並針對我的年度願景報告有了明確的目標及精準的策略，且順利達成當年度的業績目標！還有，每次當我必須要公開演講，請教 King 老師該如何用心智圖做出演講架構，他也都非常熱心的給我意見，此後他便成為我在面對媒體或公開演講時的指導老師了！

我看過不少的講師，有的是表演型的，有的是團康型的，但是都沒有實戰型來得後勁十足，而 King 老師就是超級實戰型的講師，如果你站進去教室，你還以為他是這家公司的主管，正在分享及指導他的策略規劃，這就是今年最夯的術語！接地氣！

—— 遠雄房地產 總經理

張麗蓉

·······◆·······

重回福特野馬的傳奇！

汽車產業，是一個相當需要團隊合作及領導力的高度競爭產業，福特汽車身在日系車廠環伺的台灣消費環境中，其體系內的經銷商人員除了必須要有更高度的銷售能力，以及標準化服務的執行力之外，主管們如何運用思考力、溝通力、領導力來解決問題，更是一支高效率的銷售團隊所需要的差異化軟實力。

擁有邏輯性的思考步驟就可以清晰有效率的溝通，而有效率的溝通可以增加說服性，進而提高領導能力。主管或是銷售人員在擁有了這樣對上或是對下的領導力後，高效率的團隊合作就能自然體現，而這一切都可以從陳國欽老師的課程中充分的掌握。

個人相當感佩陳老師可以從他多年外商工作經驗，淬煉出簡單易懂的思考模式及溝通邏輯，而這種思考、溝通及領導的能力，正是我期待第一

線的經銷商主管，甚至是每一位銷售人員所能複製並運用在講究團隊合作的汽車產業中，進而提升福特汽車銷售的競爭性。

因此，我力邀到陳國欽老師針對全省經銷商的業務主管進行一次大腦的洗禮。陳老師幽默、簡單、活潑、易懂的授課方式，非常適合強調應變及領導合作的銷售團隊，經銷商主管在上完課後，無不讚許並一致認為是相當有價值的實務課程，紛紛自發性使用其高效模組於日常業務上，並引頸期盼新課程。

個人得知陳老師即將出版第二本武功秘笈後，除了恭祝新書大賣外，亦希望陳老師能再次將進階的管理精髓以課程方式淬鍊出來，造福廣大的企業工作者。

——福特六和汽車 營銷處處長

黃煌文

...... ◆ ......

科學化的架構思維才是真正競爭力！

在一個機緣中，透過航空公司好友協助，力邀King老師為我公司員工授課，讓負責產品設計、市場行銷和

管理職中高階主管近百人，有機會學習King的「職場五力成功方程式」。

過程中只見King信手拈來，便將華山1914原本1,000字的景點說明，迅速拆解為Open（自介）、Why（由來）、What（簡介）、How（進行）、Close（交代），一轉眼他便能不看手稿，很流暢的把華山1914介紹出來，這不僅是表現快速記憶而已，還將內容運用「結構流程」概念、科學化、邏輯力流暢的表達出來，完美體現溝通的藝術！

此外，他還分享了人生夢想板的設定，讓日日忙碌的公司同仁頓覺人生充滿希望、機會和效能，也有了努力的方向和目標。大家在課程中除了學到高效表達技術之外，更學到了如何運用科學化架構思維來重建自己內在能量和競爭力！

King擅長整合式教學，以思考力、企劃力、銷售力、溝通力、領導力等五力來引導學習，並將理論模組化，成為組織團隊共同思考模式及語言，有效降低了跨組織溝通的成本。相信這次新書導入50個職場即戰秘笈，肯定大大提供腦內成長大電能！King就是一個傳奇！

──雄獅旅遊集團傑森整合行銷公司 總經理/
寶獅旅行社 總經理

黃信川

‥‥‥◆‥‥‥

全方位領導者的寶典。

　　繼2015年出版《職場五力成功方程式》之後，這是King的第二本著作，前作中他以外商征戰多年的心法，搭配專案管理的豐富內蘊，最後再輔以淺顯易懂的心智圖呈現，開創出了企管類書籍中文質並重的實用風格。而在這次的實戰版《一學就會！職場即戰力》中，更是加強了實戰案例的部分，除了延續King一貫的務實風格，更重於領導實務的體現！

　　這是一本讓新手主管學習，中階主管實踐，高階主管自評的好書。即便如我已累積相當的外商高階經理人經驗，拜讀此書，許多案例場景仍然能夠勾起我的省思，或是蘊化出我對管理哲學新的思考。

　　我於職涯中常見到許多初階主管偏重於人際關係，高階主管偏重於任務達成，偏重任一方的結果往往是無法兼容並蓄完成組織交付的任務。而我過去的領導經驗則認為兩者需取得一定平衡點，與書中所提「教練式」的領導關係不謀而合，此類管理模式可讓管理者與下屬雙方留下深刻情誼，並達成更高的目標。而King所提出的「領導4大支柱～計劃、組織、領導、控制」，更是巧妙運用了管理科學與專案管理領域所創作的整合思維，是一套易於融會貫通的方法。

　　King於職涯中屢屢獲得最佳經理人的肯定，如今又淬鍊了多年的職場歷練，加上跨國企業高階經理人的高度與廣度，我相信不論讀者是哪一個層級的主管，在讀完本書之後，都能在King整理好的心智圖裡，找到可資借鑑的經驗，轉化成屬於自己的成功方程式，更打造出真正屬於自己的高階核心競爭力。

──台灣理光RICOH 常務董事

許博惇

‥‥‥◆‥‥‥

一場立馬讓員工行為改變的課程！

　　去年五月，我到亞太電信負責通路教育訓練的工作，在當時499之亂後，一片電信紅海市場中，衝擊最大的就是業務團隊的伙伴們，如何找到高效且有系統架構的訓練方式，讓

業務團隊在艱難的情況下，仍然堅定信念，突破框架，創新思維，創造營收，是我給自己的使命！

今年三月，HR跟我提到King老師在教練式領導及團隊運作技巧上，有一套系統化的管理模板，符合業務團隊在沒有太多時間資源可以訓練，但又得立即運用在管理上的需求。當時我一聽到「整合」、「高效」、「實戰」三個關鍵詞，馬上就被引發出高度的興趣！

的確相當高效！訪談後的當月，所有流程相當順利的完成，我們在三月底開了北區第一場課程，來上課的學員都是業務團隊最核心的主管群，且過程中大家都很認真參與，無人滑手機。課程休息時間，King老師針對主管的困擾，為我們客製化了屬於亞太業務團隊的管理模板，讓主管們高效的運用系統化架構溝通，省去彼此邏輯不同，以致於產生詮釋差異的問題。特別要說的是，對於公司的願景及使命的定義，在King老師的「黃金圈」指導之下，也讓我們更有信心跟客戶溝通我們的價值！在課程結束後沒多久，很明顯的發現主管們開始有在用King老師傳授的方法進行管理，真正運用在生活中並有所改變！

如果說過去影響著現在，讓現在的我們相對辛苦，在主管們有意識的從現在開始改變後，相信亞太電信業務團隊在未來可以有更卓越的表現！再次謝謝King老師！「整合／高效／實戰」六字無誤。

——亞太電信 通路規劃管理部經理

朱采瑤

莫忘職場苦人多！

> 歷經九個月嘔心瀝血的撰寫，再加上三個月的校稿編排，終於完成這本職場超級商業圖鑑工具書（368頁／14萬字／200張圖）。連在北海道的小樽運河、荷蘭的梵谷博物館、巴黎的香榭麗舍大道，我都還在不停的構思與寫作，如果您好好的仔細研讀，相信一定會有意想不到的收穫。

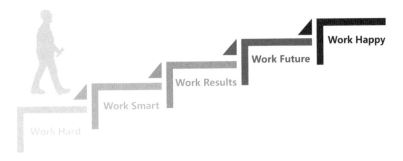

寫書與出版，其實是一件不賺錢的工作，呼應前言：如果有一件事，是有價值的，你擅長的，又是你的熱情所在，那就是你這一世的天命。也因為這個使命感，我就想好好的把這件事做好。

我在職場20餘年，深深覺得很多職場工作者都過得很不快樂，探究其中根源，最主要是職場核心能力不足。我很想告訴大家，其實工作是可以很簡單快樂的。在本書封面有提到，這本書可以讓您從 Work Smart 進化成 Work Results，其實它最完整的面貌是上面這張圖。

您可能現在正很 Work Hard 的工作，記得先善用這本書，把自己提升到 Work Smart，之後再慢慢導入工作產生 Work Results，等到功力大增了，自然可以前瞻未來 Work Future，而這一切不就會 Work Happy 了嗎？我可以，您一定也可以！

國家圖書館出版品預行編目資料

一學就會！職場即戰力 ： 情境案例解析！超高效職
場五力實戰應用工具圖鑑 / 陳國欽著. -- 臺北市：
商周出版：家庭傳媒城邦分公司發行, 2019. 08
　面；　公分. -- (全腦學習；30)
　ISBN 978-986-477-700-6(平裝)

1.職場成功法

494.35　　　　　　　　　　　　　108011529

全腦學習 30

一學就會！職場即戰力

情境案例解析！超高效職場五力實戰應用工具圖鑑【隨書附50技術╳36角色學習索引表】

作　　　者／陳國欽
企畫選書／林淑華
責任編輯／林淑華

版　　　權／吳亭儀、江欣瑜
行銷業務／周佑潔、賴正祐、賴玉嵐
總 編 輯／黃靖卉
總 經 理／彭之琬
事業群總經理／黃淑貞
發 行 人／何飛鵬
法律顧問／元禾法律事務所王子文律師
出　　　版／商周出版
　　　　　　台北市 104 民生東路二段 141 號 9 樓
　　　　　　電話：(02) 25007008　傳真：(02)25007759
　　　　　　E-mail：bwp.service@cite.com.tw　Blog：http://bwp25007008.pixnet.net/blog
發　　　行／英屬蓋曼群島商家庭傳媒股份有限公司城邦分公司
　　　　　　台北市中山區民生東路二段 141 號 2 樓
　　　　　　書虫客服服務專線：02-25007718；25007719
　　　　　　24 小時傳真專線：02-25001990；25001991
　　　　　　服務時間：週一至週五上午 09:30-12:00；下午 13:30-17:00
　　　　　　劃撥帳號：19863813；戶名：書虫股份有限公司
　　　　　　讀者服務信箱：service@readingclub.com.tw
　　　　　　城邦讀書花園 www.cite.com.tw
香港發行所／城邦（香港）出版集團
　　　　　　香港灣仔駱克道 193 號東超商業中心 1 樓 _ E-mail：hkcite@biznetvigator.com
　　　　　　電話：(852) 25086231　傳真：(852) 25789337
馬新發行所／城邦（馬新）出版集團【Cite (M) Sdn Bhd】
　　　　　　41, Jalan Radin Anum, Bandar Baru Sri Petaling, 57000 Kuala Lumpur, Malaysia.
　　　　　　電話：(603) 90563833　傳真：(603) 90576622

封面設計／行者創意
版面設計／林曉涵
內頁排版／林曉涵
印　　　刷／中原造像股份有限公司
經 銷 商／聯合發行股份有限公司　電話：(02) 29178022　傳真：(02) 29110053

■ 2019 年 8 月 6 日初版
■ 2023 年 8 月 23 日初版 5 刷

Printed in Taiwan

定價 520 元

城邦讀書花園
www.cite.com.tw

線上版讀者回函卡